妈妈，别慌！

余章 ◎ 编　　杜莹 ◎ 绘

四川少年儿童出版社

前言

作为孩子的第一责任人,我们的家长必须重视家庭急救知识,尽量去掌握应对措施。目前,儿童意外伤害已成为我国0-14岁儿童死亡的主要原因,占儿童死因总数的26.1%,而这一数字还在以每年7%至10%的速度增长。但意外伤害已成为危害儿童生命安全的一大"隐形杀手",专家们多次提出建议,必须从学校和家长两个层面加强防范意外伤害的相关技能培训和知识普及。

本书以幸福里小区住户的故事为背景,呈现普通家庭面对

推开这扇门,让我们看看发生在身边的急救故事吧!

12种突发状况的应对场景,以简单易懂的图画方式教会家长第一时间应该怎么办。内容翔实可考,深入浅出,拒绝晦涩难懂;原创萌趣的手绘大图,能让大家轻松有趣地了解、学习常用的家庭急救知识。

我们希望大家在日常生活中多学习、多积累急救知识;当遇到紧急突发情况,而专业的医疗救护未能第一时间达到时,本书内容可为您提供作为参考的指导。

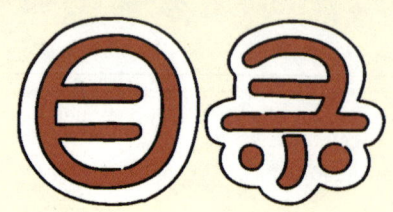

目录

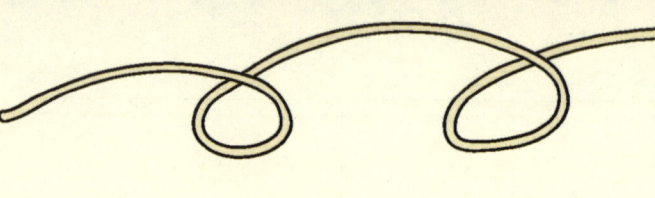

 01 外伤出血了怎么办? —— 6

 02 烫伤了怎么办? —— 11

 03 气道被阻塞了怎么办? —— 16

 04 被蜂蜇伤了怎么办? —— 22

 05 被动物抓伤了怎么办? —— 28

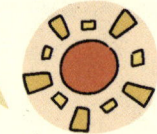 06 中暑了怎么办? —— 33

 07 食物中毒了怎么办? —— 38

 08 煤气中毒了怎么办? —— 43

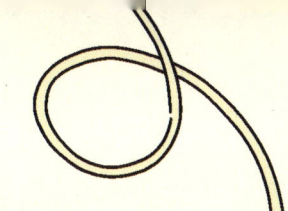

09 被鱼刺卡住了怎么办? ······ **47**

10 抽搐了怎么办? ······ **51**

11 四肢骨折了怎么办? ······ **56**

12 鼻出血了怎么办? ······ **67**

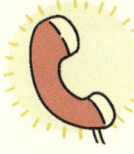
13 如何正确有效地拨打120急救电话? ······ **73**

14 超人爸妈的自测宝典 ······ **75**

15 家庭急救知识通关挑战赛 ······ **77**

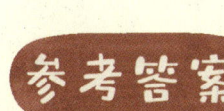 参考答案  **102**

 宝宝健康观察手册 ······ **104**

 外伤出血了怎么办？

一楼的剪纸事故

📅 2024.11.10　　🕗 上午08:00　　☁️ 多云转晴

　　好奇宝宝们总是在努力地探索世界，在他们认识世界的过程中总会有些不可避免的磕磕碰碰。意外"挂彩"的惊险时刻会让爸爸妈妈揪心焦急，学习成为一名合格的外伤处理专家是爸爸妈妈育儿过程中必不可少的一课。一楼的小番茄偷偷翻出了家里的剪刀，学着大人的样子剪起了纸片。**一不小心，锋利的剪刀划伤了小番茄的手，这可怎么办呢？**

危险可能发生的场景

- 手工剪纸
- 嬉戏打闹
- 户外运动摔倒
- 打翻物品

啊,钩住了!

外伤出血的预防性措施

不要敲打、玩耍水杯或奶瓶等玻璃制品。

不可以玩小刀、剪刀和边缘锋利的玩具。

我该怎么做？

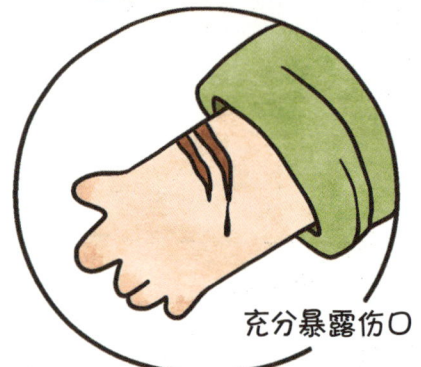

充分暴露伤口

1 将伤口充分暴露出来。

按压宝宝的伤口

2 用清洁的毛巾或纱布直接按压宝宝的伤口，如伤口内有异物，则在伤口两侧保持按压状态，以控制出血量，再抬高或支撑宝宝的肢体，使伤口高于心脏水平位置，这样可以减少出血量。

抬高肢体

3 如果仍止不住血，纱布被浸湿或纱布上有血色，则再增加一块纱布并加大按压力度，持续对伤口加压，直至不再出血。但不要压太紧，以防肢体组织缺血坏死。若伤口较深、创口较脏，如由生锈铁器、土壤、灰尘、污物等导致的外伤，去医院彻底清理伤口后，还需注射破伤风疫苗。

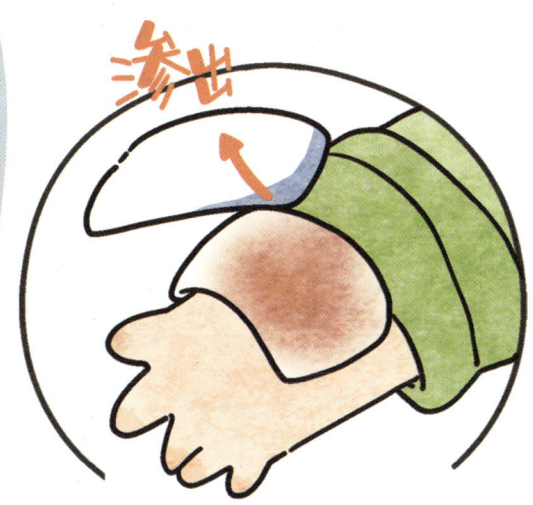

增加纱布并加大按压力度

4 若出血量大，应考虑失血性休克的判断，比如身体出现心率快、反应迟钝、肤色发白、表情淡漠等症状，应及时送医。

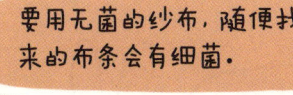

要用无菌的纱布，随便找来的布条会有细菌。

我马上换新的纱布！止血的时候可能会有点痛，小鬼，你忍忍哟。

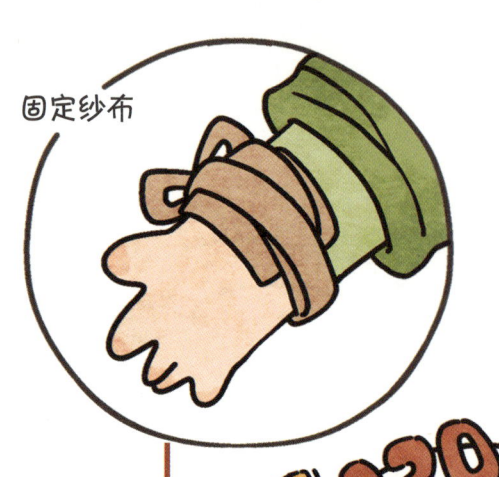

固定纱布

5 用一条绷带,缠绕固定住纱布。

6 拨打120急救电话,在等待救援时注意观察并记录宝宝的生命体征和反应程度等。

拨打120急救电话

观察并记录宝宝的生命体征

虽然已经包扎了,但我觉得还是要打电话请医生来帮你看看!

手抬高点!

嗯,我下次再也不爬墙了,摔伤好痛哟。

 # 烫伤了怎么办？

二楼的厨房危机

 2024.11.10　　 上午08:30　　 晴

　　厨房是家里的"魔仙堡"，能变出各种好吃的美食，还藏着各种令宝宝们觉得好奇的餐具、调料、食材……好奇宝宝们很喜欢溜进厨房，东摸摸西看看，在他们眼里这里可是绝佳的探险地。但"魔仙堡"有时候会给宝宝们带来意想不到的伤害。瞧！因为听到锅盖噗呲噗呲的声音，小布丁伸出了小手，想揭开盖子看看锅里是不是藏了吐泡泡的大鱼。**哎呀，快停手，这样会被烫伤的！**

我该怎么做？

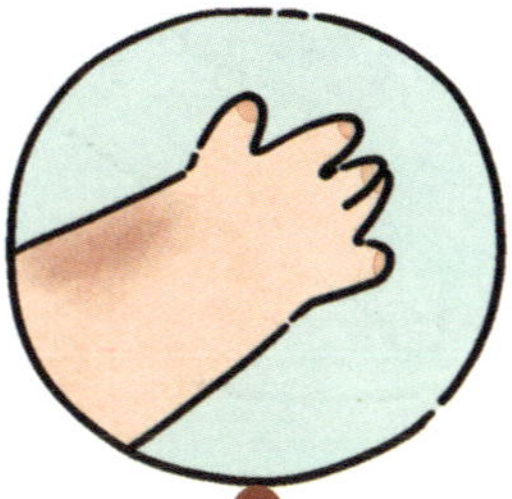

- 伤处充血、水肿，几天内可以自愈。 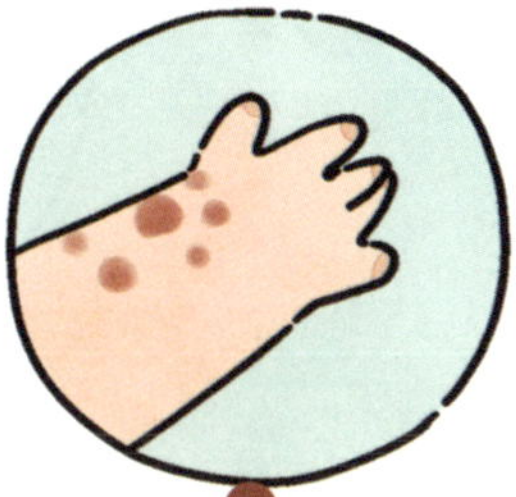
- 出现水泡，14天左右可以自愈，但有可能留疤。 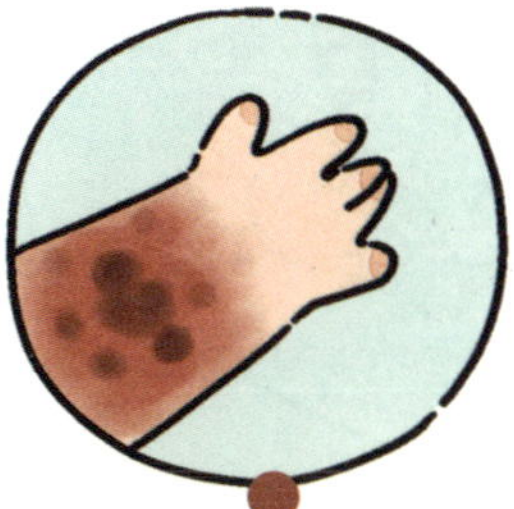
- 皮肤全部被烫伤，需要很久才能愈合，会留下严重疤痕。

1 第一时间远离烫伤源头。

流水降温，水流不宜过大，避免皮肤损伤

2 移除伤口处的衣服（伤口处的衣物冲淋后移除或者剪下）、鞋子、配饰等，立即用流水给皮肤降温。如果衣服与皮肉已经粘在一起，则不能强行移除。

移除衣服、饰品

快离开那个取暖器，会被烫伤的！

好热

小贴士 如果水泡不慎被挤破了,尽量从底部扎破水泡,轻轻挤出水泡中的水。

不建议用牙膏、食用油以及各类药物涂抹伤口

最好不要挤破、刺破水泡

不能用冰块直接敷伤口

建议优先使用无菌纱布覆盖住受伤部位

干净、方便

3 不当的措施只会加重伤害。

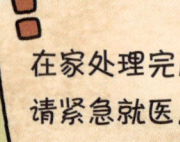

在家处理完后,请紧急就医。

4 冷却处理后,如果受伤面积较大,要给孩子保暖,这时可以用床单对其进行包裹。

用床单包裹保暖

一旦被烫伤就要尽快带孩子就诊,并准确地向医生提供被烫伤时的相关信息。

烫伤→ 快点快点!我们要马上去医院找医生看看,不然你都要成苹果干了!

 # 气道被阻塞了怎么办？

三楼的一颗小糖果

2024.11.10　　上午09:00　　晴

　　宝宝们都有自己心爱的玩具，对于太小的宝宝来说，有时玩具会成为危险的"杀手"。小珠子、小积木、小金属片、纽扣电池，甚至小绒球等很多时候都是潜藏在暗处的"大魔鬼"。忙了一大早的妈妈在沙发上打起了盹儿，爸爸正好也有事走开了，豆豆和元宝正在地垫上开心地玩耍。一个透明的彩色小玻璃球吸引了豆豆的注意，玻璃球看起来像一颗晶莹的糖果，是不是酸酸甜甜有着彩虹般的味道？豆豆拿起玻璃球就要往嘴里塞。**哎呀，快停手**，**这样会阻塞气道，导致窒息。**

我该怎么做？

如果是婴儿

1 把你的前臂放在大腿上，让婴儿俯卧在你的前臂上，头朝下腿朝上。用你的手撑住孩子头部，让他微微抬头；用另一只手的掌根叩击孩子背部肩胛骨之间 5 次。

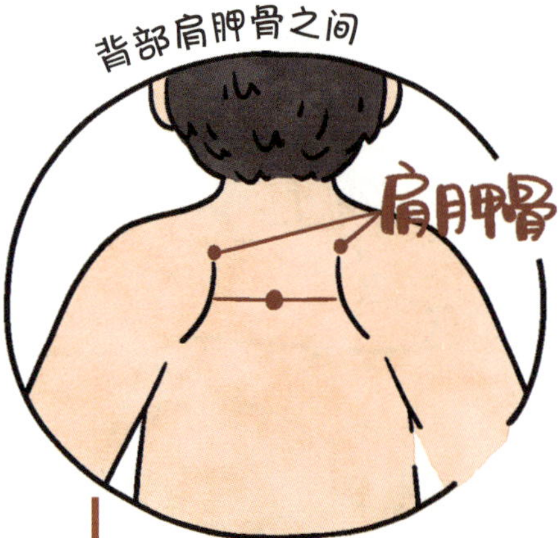

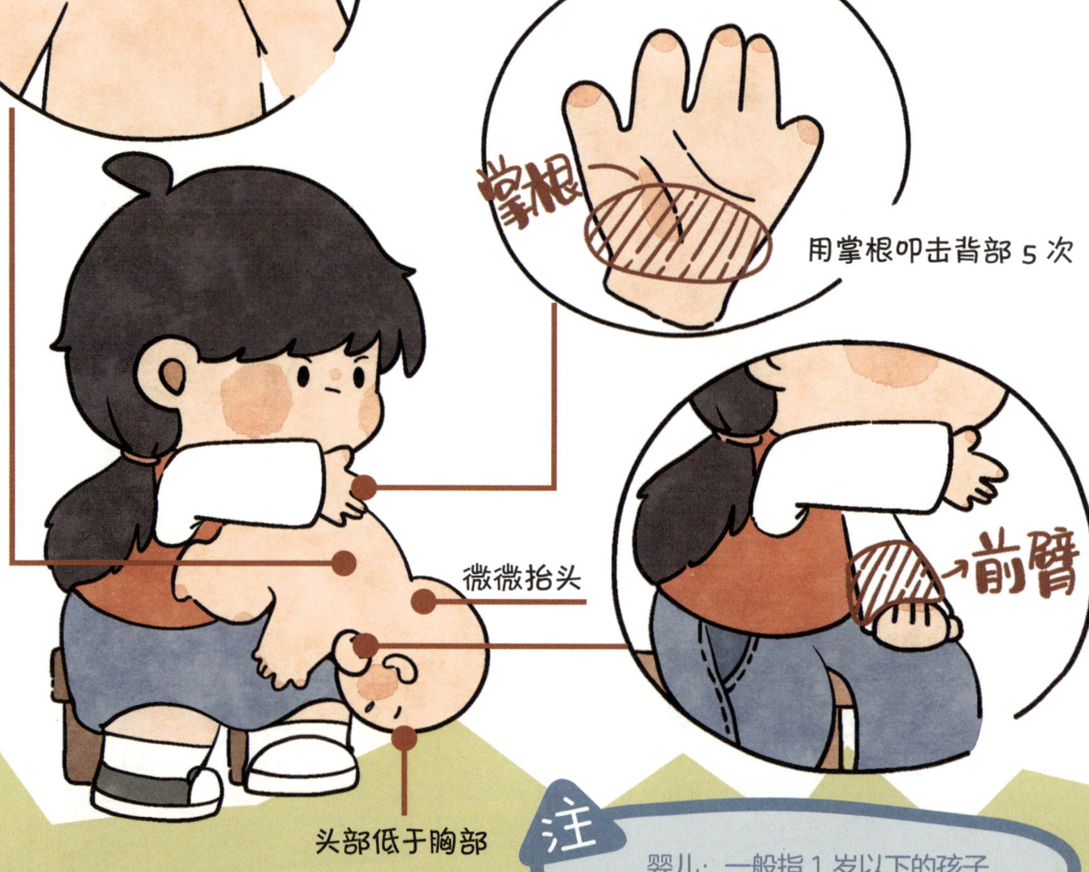

- 背部肩胛骨之间
- 肩胛骨
- 掌根
- 用掌根叩击背部 5 次
- 微微抬头
- 前臂
- 头部低于胸部

注：婴儿：一般指 1 岁以下的孩子。

2 如果阻塞物在背部拍击 5 次后仍未拍出，应让婴儿仰卧。一只手托住婴儿的后颈部，另一只手的两指快而深地按压婴儿两乳头连线中点正下方 5 次。

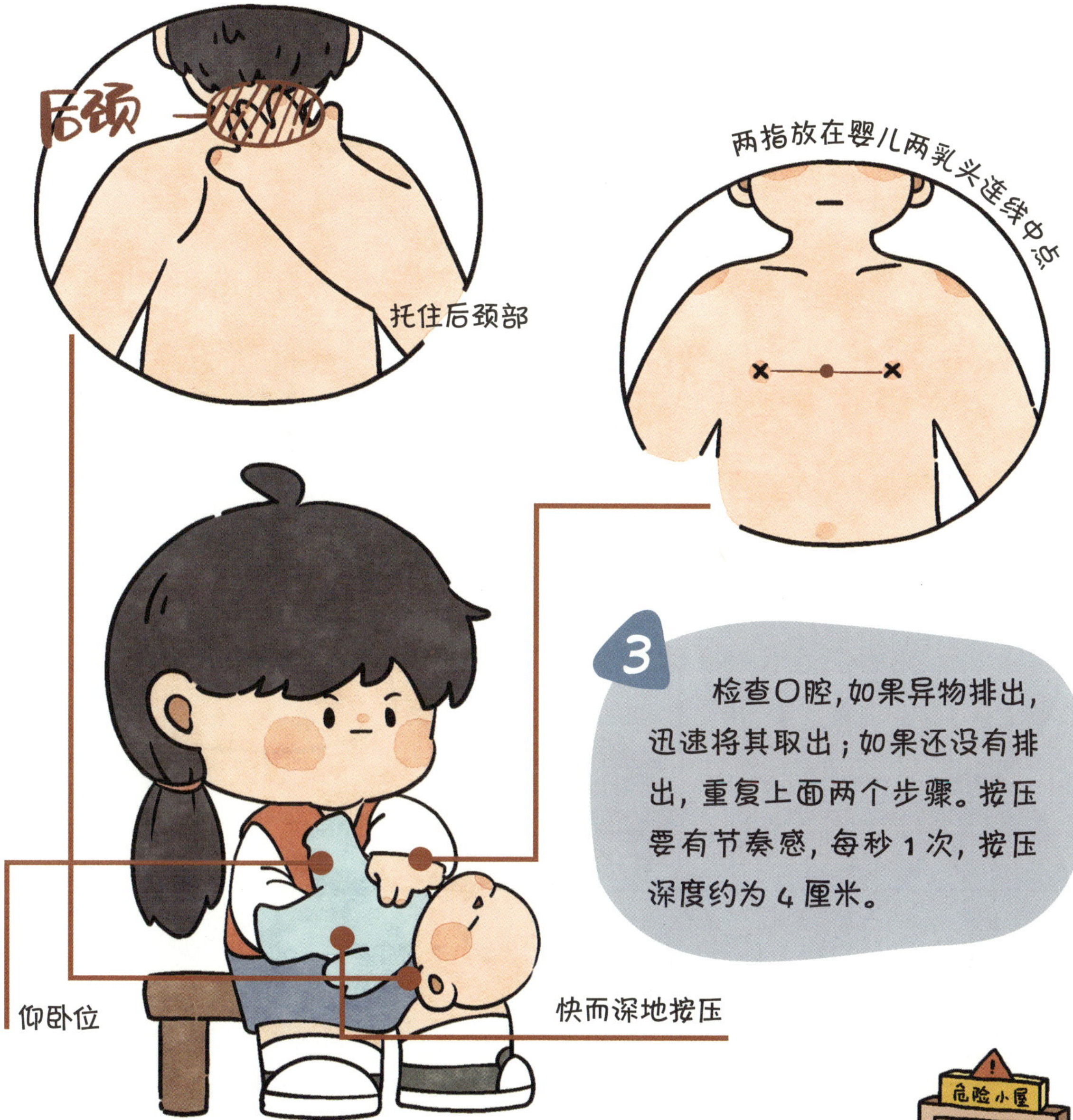

后颈

托住后颈部

两指放在婴儿两乳头连线中点

仰卧位　　快而深地按压

3 检查口腔，如果异物排出，迅速将其取出；如果还没有排出，重复上面两个步骤。按压要有节奏感，每秒 1 次，按压深度约为 4 厘米。

小毛球、小果冻、小纽扣……大家跟紧大部队哟！

我该怎么做？

如果是一岁以上的孩子

1 让孩子向前弯腰，头部前倾。

小贴士 气道被阻塞时，可采用海姆立克法。

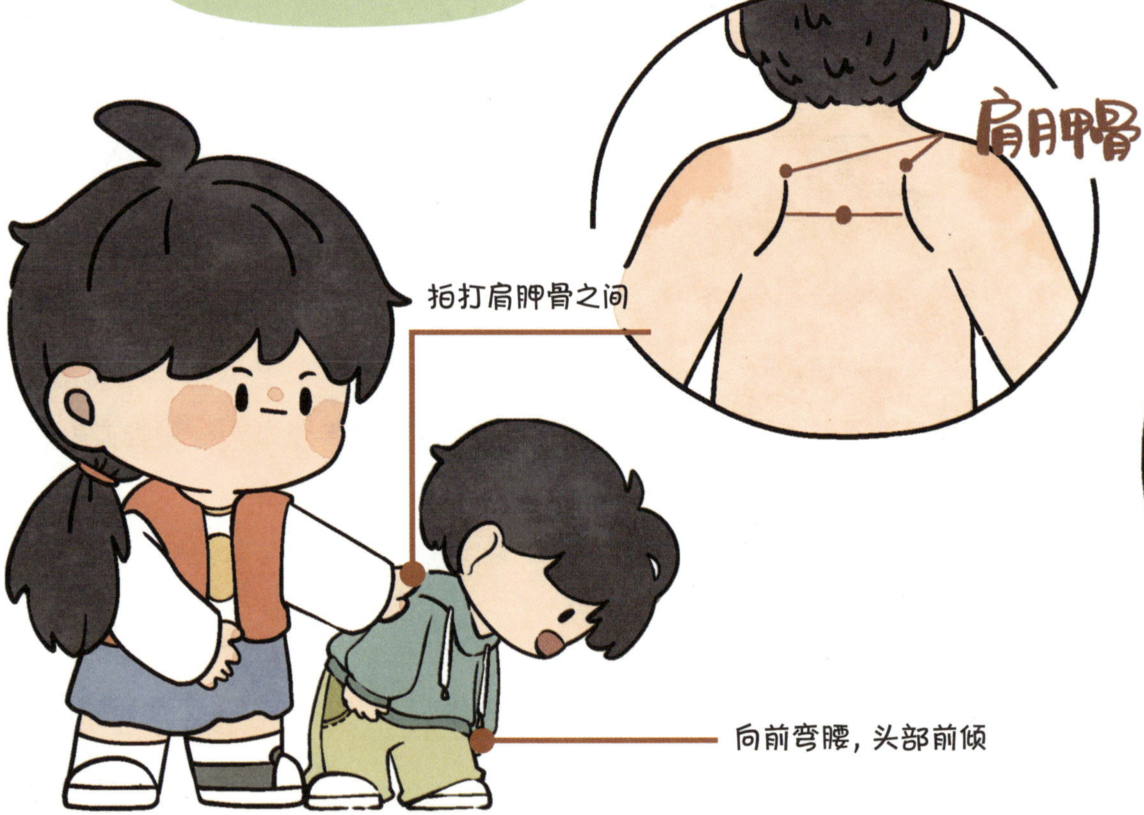

肩胛骨

拍打肩胛骨之间

向前弯腰，头部前倾

注 海姆立克法只适用于有反应的孩子。对于孩子彻底失去反应的情况，施救者仍应进行心肺复苏。

卡住

2 在孩子身后站着或跪着,双臂环绕孩子的腰部。一手握拳,拳眼放在肚脐上两横指位置;另一只手紧握此拳,向身体上部快速冲击腹部,直到异物排出。需注意,无论孩子是否将异物吐出,都应及时前往医院就诊。

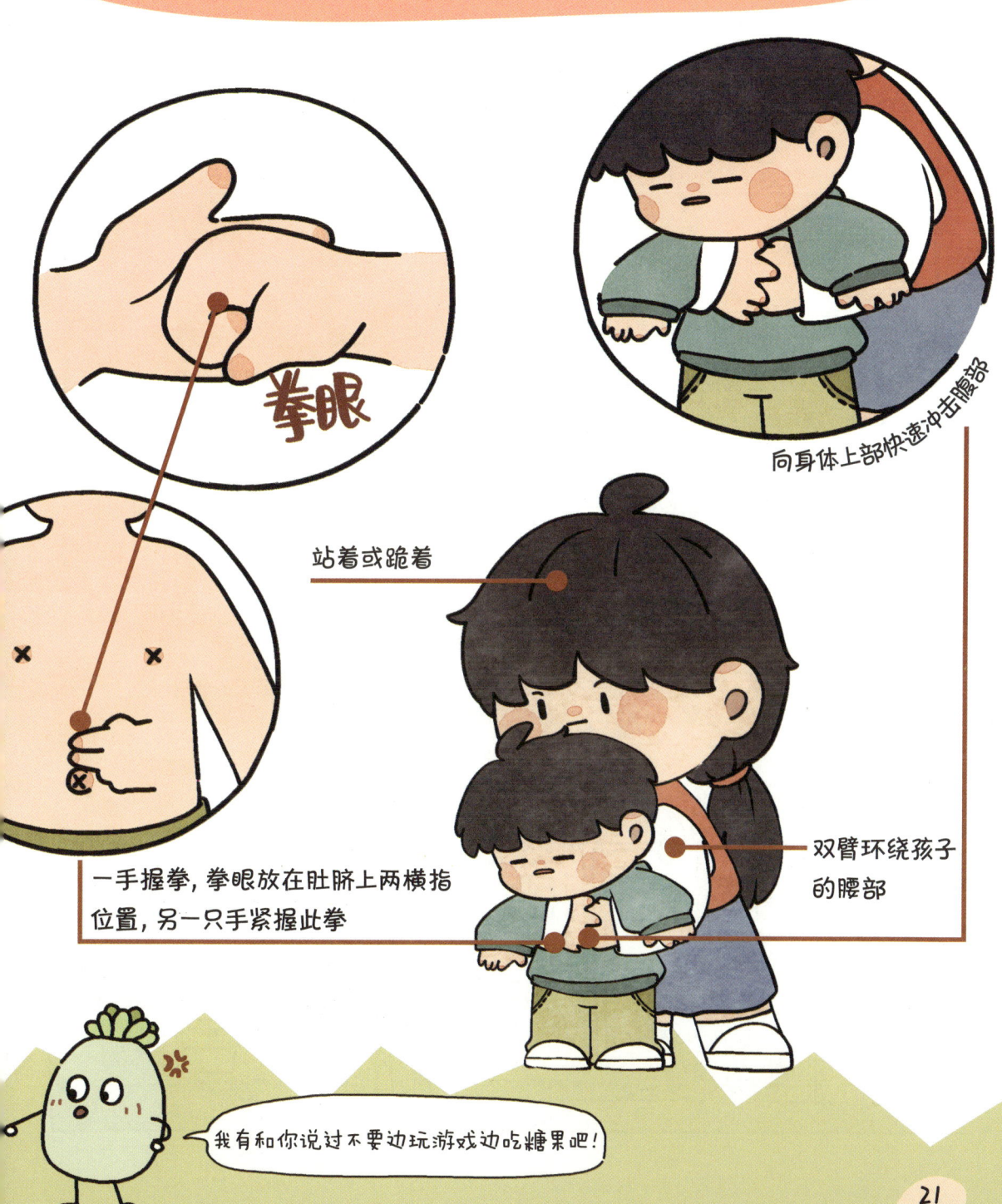

 被蜂蜇伤了怎么办？

四楼的小蜜蜂生气了

📅 2024.11.10　　🕙 上午10:00　　☀ 晴

　　红彤彤的鲜花，绿油油的嫩草，花丛间忙着采蜜的小蜜蜂，还有穿着花衣服比美的小蝴蝶，来到户外的小朋友们一定很享受在大自然中嬉戏玩耍的美好时光，但是孩子们如果打扰到小昆虫们工作，惹怒它们，会带来严重的后果。瞧！球球看到阳台上嗡嗡飞舞的小蜜蜂，好奇地伸出手想去捉它们；可是小蜜蜂露出了屁股后面的尖刺，因为它们感到危险来临……

小贴士　请不要让年纪过小的孩子一个人在阳台等处玩耍，以防坠落。

我该怎么做？

1 尽量安抚宝宝，可用银行卡的边缘或指甲朝着蜇伤处的一侧刮，直到将蜇刺刮出。注意不要使用镊子去夹蜇刺，因为这样做很可能挤压蜇刺，导致更多毒素进入宝宝体内。

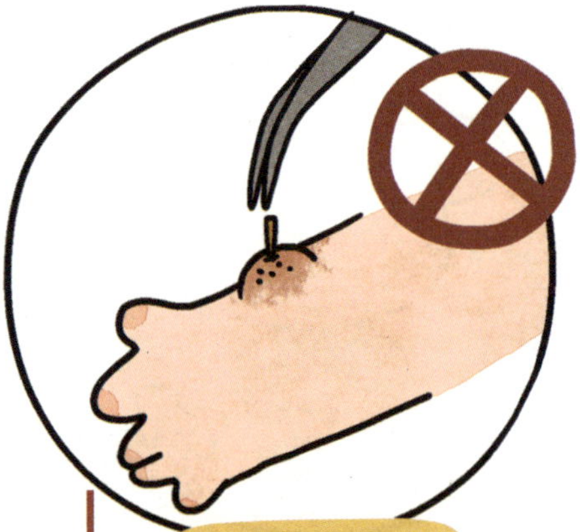

不要使用镊子

刮

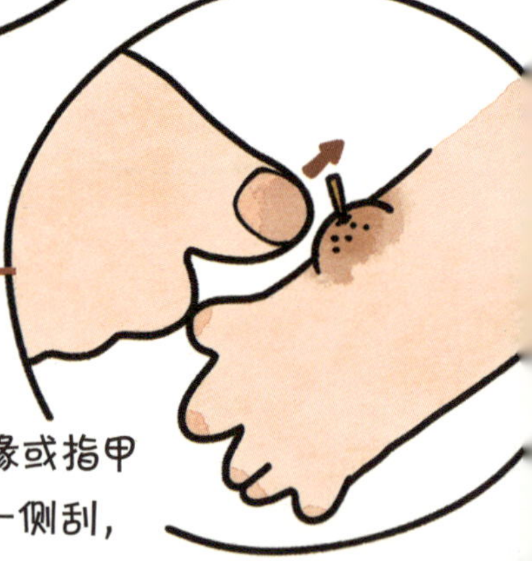

用银行卡的边缘或指甲朝着蜇伤处的一侧刮，直到将蜇刺刮出

好多花呀，我来采蜜了！

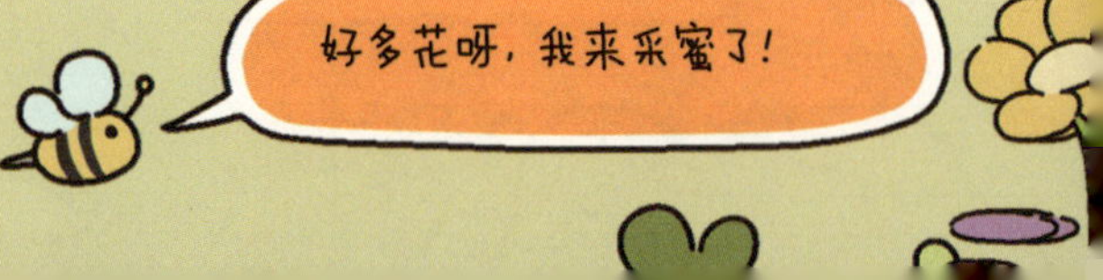

2 用指腹轻轻按压被蜇伤部位的周围，挤出毒液，并用流水冲洗，仔细清洗蜇伤的部位，清洗后可涂上止痒软膏。

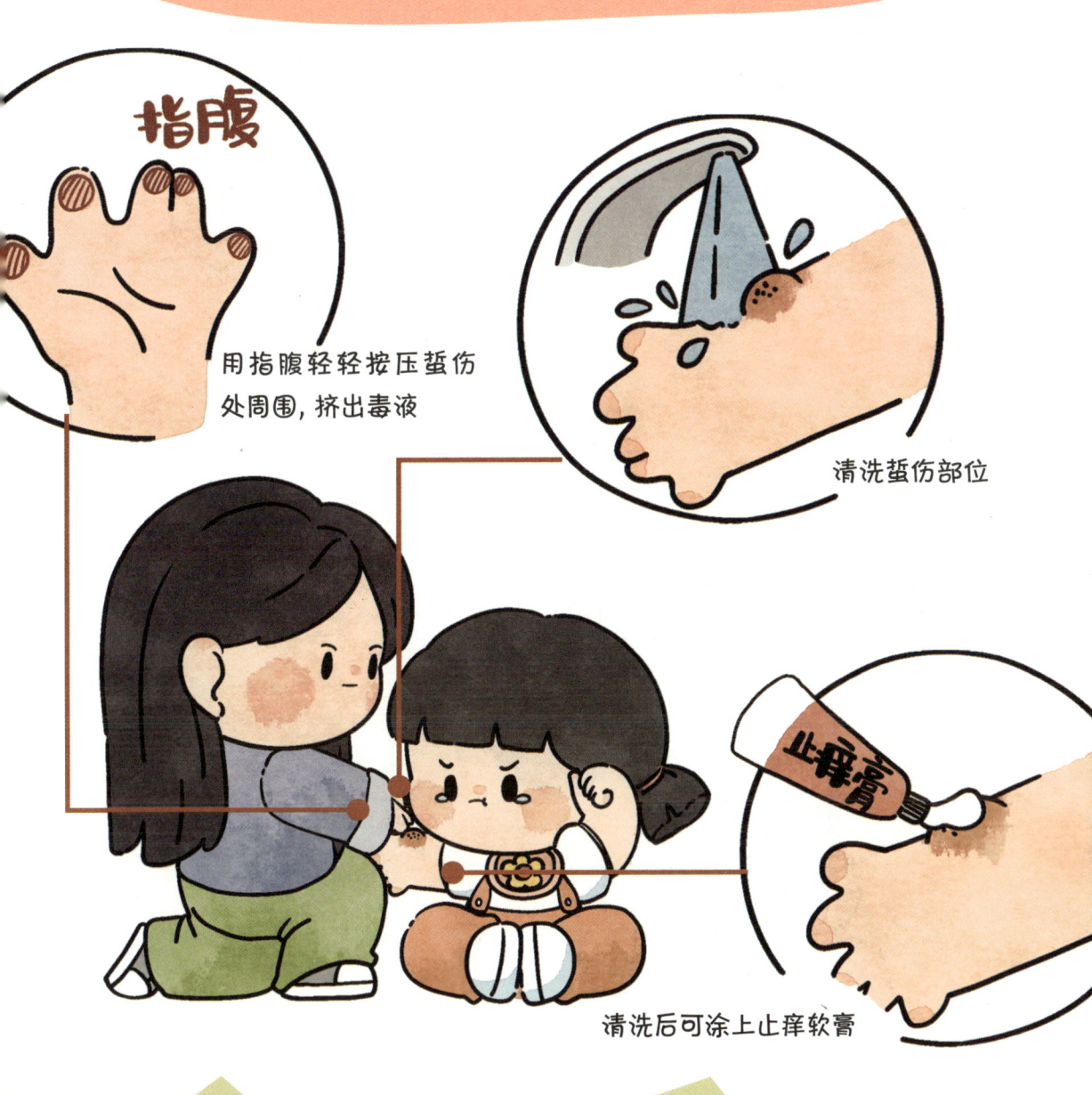

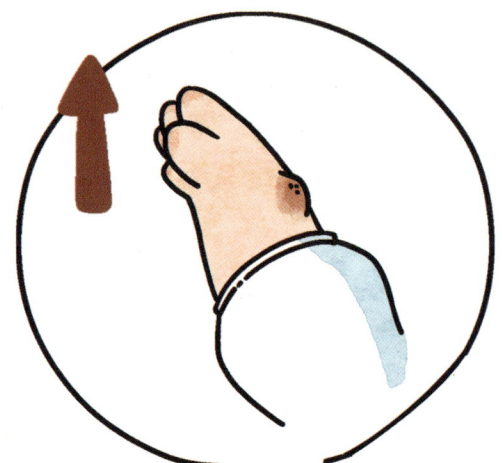

抬高宝宝受伤的身体部位

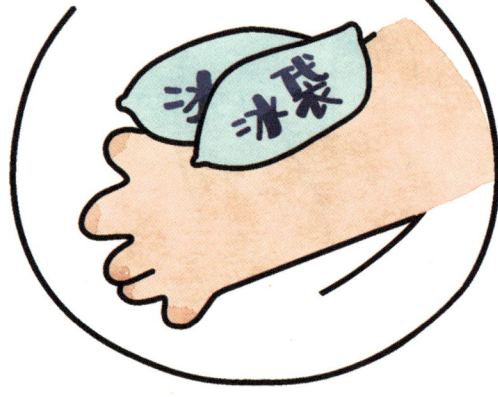

消肿

用冰袋冰敷

3 如果条件允许,可以抬高宝宝受伤的身体部位,并用冰袋对被蜇伤处进行冰敷,以减少肿胀。

你们别看我个子小,长得可可爱爱的。

我尾部的刺可是很厉害的哟!

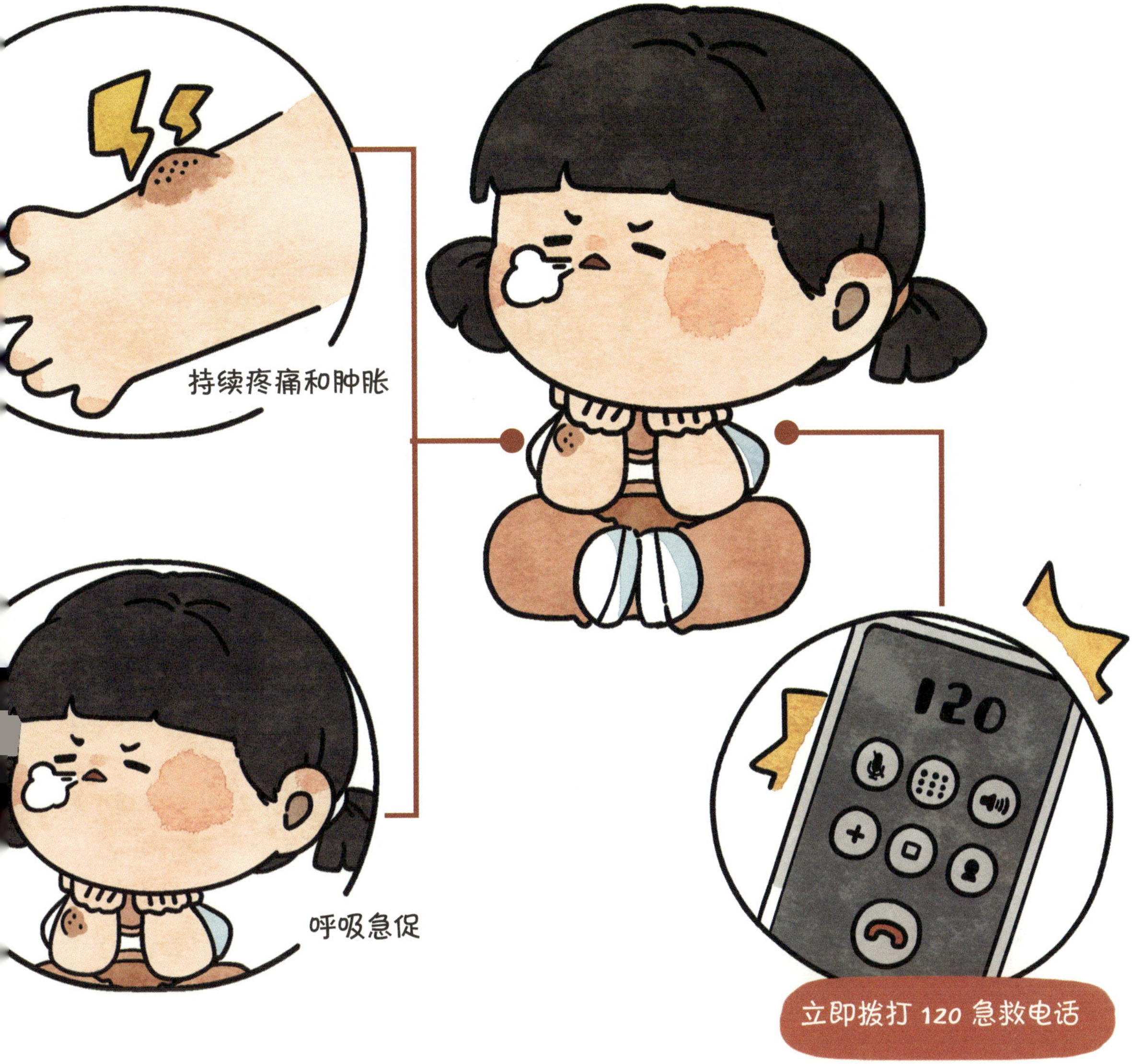

持续疼痛和肿胀

呼吸急促

立即拨打 120 急救电话

4 如果持续疼痛和肿胀，或有呼吸急促、面色苍白甚至于昏迷的情况，需立即拨打 120 急救电话，并在等待期间观察宝宝的生命体征和反应程度。以上情况很有可能是严重的过敏反应，需及时就医。

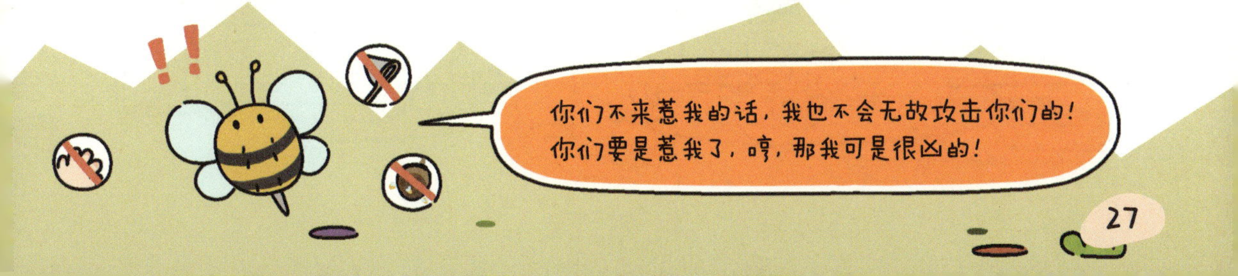

你们不来惹我的话，我也不会无故攻击你们的！你们要是惹我了，哼，那我可是很凶的！

 被动物抓伤了怎么办?

五楼的小可爱生气了

📅 2024.11.10　　🕚 上午11:00　　☁ 多云

　　小猫咪、小狗是我们的好朋友,也是我们的家人,它们带给我们很多的欢乐时光和暖暖的陪伴。但是,我们在和小动物们玩耍时,可能一不小心会被它们抓伤⚡或咬伤,尤其在它们发情期💕的时候,小可爱们会变得和平时有些不一样,易怒易躁。如果这些小动物还带有狂犬病病毒🦠,那就是致命的事情了!人一旦感染狂犬病病毒,就会在1到3个月发病,发病后3到5天死亡。五楼的乐乐太喜欢这只刚出生的小猫咪了,一把把它从猫妈妈那抢了过来,这下猫妈妈可要生气了!

危险可能发生的场景

被刺激　发情期　护食　护崽

动物抓伤的预防性措施

不要靠近发情期的猫和狗,以免被它们抓咬。

不要随意逗弄小动物,以免被它们抓伤、咬伤。

不要去招惹正在吃东西或者睡觉的猫、狗。

不要亲近不认识的小动物。

我该怎么做？

"小熊，快来跟我一起玩纸飞机呀！"

"来啦，来啦！"

1 伤口出血不多时，不要急于止血，需将宝宝被抓咬部位的血挤出，让挤出的血带走病毒；如果伤口出血量很大，需立即止血，并拨打120急救电话。

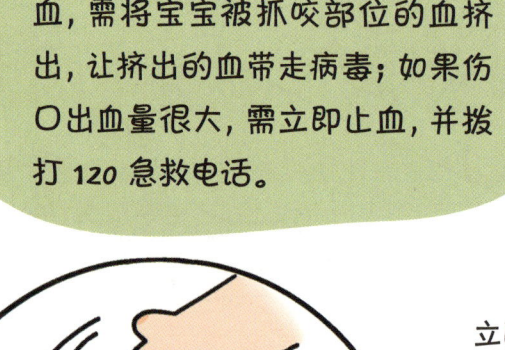

立即将猫、狗赶走

立即止血，并拨打120急救电话

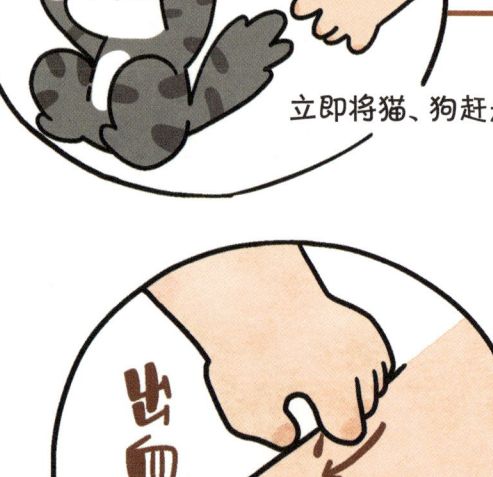

不要急于止血，需将被抓咬部位的血挤出

"对不起，小熊。我只是想和你一起玩，但是不小心抓伤了你……"

2

以最快速度脱下或撕开宝宝的衣服，用大量有一定压力的流水或肥皂水彻底冲洗伤口。

快速脱下或撕开宝宝的衣服

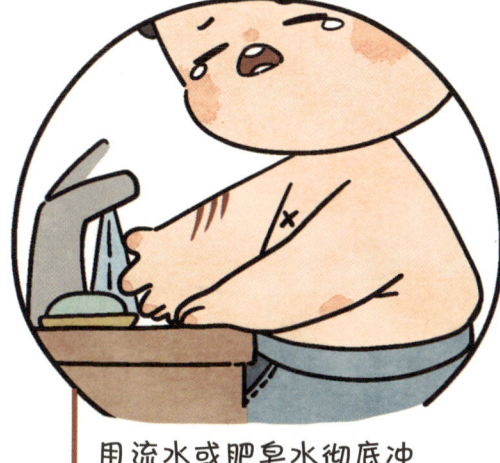

用流水或肥皂水彻底冲洗伤口。冲洗 5-10 分钟，然后用碘酒或者碘伏，进行伤口消毒。

3

尽快去医院注射狂犬病疫苗。

我不怪你。不过，我得赶紧去找森林医生打针。

31

注意要点

玩耍的时候,要小心哟!

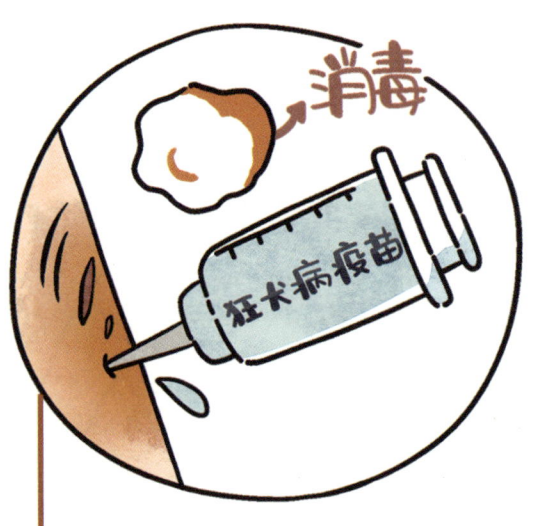

1 一旦被动物抓伤或者咬伤,即使不出血,也需要进行伤口处理和注射狂犬病疫苗。

不利于伤口排毒

2 被猫、狗抓伤或咬伤后,应立即用流水或肥皂水清洗伤口。只要没有大出血,伤口就不需要缝合或包扎,更不能随意涂抹药膏,否则不利于伤口排毒。

 # 中暑了怎么办？

六楼一个闷热的午后

📅 2024.11.10　　🕛 中午12:00　　☀ 晴

中暑大多发生在炎热的夏天。当我们较长时间待在高温环境或者在户外运动时，如果没有及时地补充水分，穿的衣服也不太透气，身体的体温调节功能失去控制，就会中暑。这时，我们会感到头昏、恶心、想吐、胸闷、口渴，没有力气，而我们的皮肤会灼热、发红。如果出现这样的情况我们依旧待在闷热的环境里，体温甚至会升至40摄氏度以上，最终导致严重后果。六楼家的爸爸太粗心了，上楼拿东西的时候把宝宝留在了车里。`这样可太危险了！`

危险可能发生的场景

在夏天,尤其是日照最强的中午,进行较长时间的户外活动

短时间内在高温的室外和开足冷气的空调室内频繁地进出

高温下不遮阳、缺水

把宝宝锁在车内,外出办事

中暑的预防性措施

避免在烈日下进行长时间的户外运动。

不要频繁出入温差很大的室内外。

户外活动时,要注意防晒和多喝水。

不要待在密闭的车厢里。

3 可以用温热的毛巾在宝宝的额头、胳肢窝、大腿根部擦拭（不建议用酒精哟），让宝宝的体温降到 38 摄氏度以下。注意，中暑情况较为严重时，如宝宝出现精神萎靡、烦躁不安甚至惊厥、抽搐、昏迷，需要尽快送到就近医院治疗，避免延误病情，导致其他并发症以及多器官功能障碍。

 # 食物中毒了怎么办？

七楼的餐桌故事

 2024.11.10　　 下午1:00　　 乌云

　　我们身边总是会有各种意想不到的有毒食物：有些是因为过期或者保存不当变质了，有些是被农药等化学物品🧪污染了，有些甚至是有毒的野生菌类……宝宝们一旦误食了这些食物可是很危险的‼️。才1岁8个月大的小飞飞吃了变质的面包🍞，出现肚子痛、恶心、呕吐等现象，这可把奶奶给吓坏了。遇到这种危急时刻⚠️，我们该怎么做呢？

危险可能发生的场景

变质了的食物，不能让它在外面乱跑。

被化学物品污染了的食物

不能被发现了。

变质食品

食物中毒的预防性措施

豆角、鲜黄花菜等食物，一定要炒熟后再吃！

瓜果蔬菜要洗干净后吃。

发芽的土豆、花生不能吃。

不要吃不认识的菌菇。

我该怎么做？

1 如果进食后，宝宝很快出现恶心、呕吐等症状，我们就要想到食物中毒的可能性，要识别可能是哪种食物诱发中毒。

发霉面包

毒蘑菇

发芽土豆

变质饭菜

3 如果宝宝已有呕吐症状，我们就不需要进行催吐；如果没有吐的话，需进行催吐。可以先让宝宝喝300-500毫升的水，再用勺子轻轻压舌后根，引起宝宝反射性的恶心，进而呕吐，这样可以减少人体对毒物的吸收。

催吐方法：用勺子轻压舌后根，引起反射性恶心。

催吐

拨打120急救电话

咕嘟咕嘟

4 尽早拨打120急救电话。

你这样乱跑太危险了，很容易被小朋友误食的！

乖乖和我走吧，我还有很多垃圾要收拾呢。

 # 煤气中毒了怎么办？

八楼的无形魔鬼

2024.11.10　　下午2:00　　多云

　　煤气中毒通常是指一氧化碳中毒。一氧化碳无色无味，比空气轻，燃烧时我们能看到蓝色火焰。煤气是厨房里的好帮手，但是一旦"出逃"，往往就会使人中毒。我们在通风不良的家里开着燃气热水器洗澡，冬季在开着空调的汽车上熟睡或者在门窗紧闭的空间里用煤炉取暖、做饭，很容易发生煤气中毒事件。这个时候，人往往会感到头晕、头痛、全身没有力气，伴随着恶心、呕吐，严重时还会抽搐甚至昏迷。这天下午，劳累的爸爸妈妈午睡小憩，进入了甜甜的梦乡，可是八楼的煤气管道发出嘶嘶的声音。糟糕，**难道是煤气泄漏了?!**

危险可能发生的场景

- 汤汁溢出导致炉、灶熄火
- 在门窗紧闭的环境中熟睡
- 火灾浓烟
- 安装不合格

煤气中毒的预防性措施

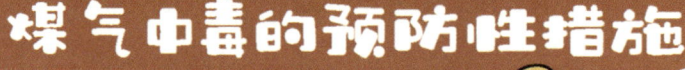

使用燃气热水器洗澡时，浴室不要完全密闭。

不要把煤气用具移到密闭的房间内取暖。

避免在车内开着空调关窗睡觉。

3 马上拨打120急救电话，要让宝宝尽早得到吸氧甚至高压氧舱治疗。

拨打120急救电话

尽早得到吸氧甚至高压氧舱治疗

不要闹脾气啦！走，我带你回管道家。你的出走会给人类带来麻烦。

真的吗？那我要快点回去。

 # 被鱼刺卡住了怎么办？

九楼的一条小鱼

📅 2024.11.10　　🕒 下午3:20　　☁️ 多云

　　鱼肉含有丰富的蛋白质，肉质鲜美，是十分适合宝宝生长发育的美食，但是给宝宝吃鱼可要小心。今天，妈妈做了小星星最爱的菜：雪菜大黄鱼。可是，平时乖乖吃饭的小星星，突然满脸通红地大哭起来，原来是妈妈没有将鱼肉上的刺清理干净。小星星的咽喉被鱼刺卡住了，这可怎么办呀？

危险可能发生的场景

小猫,你为什么要钓我啊?

当然是因为你好吃啦。

嬉笑打闹

狼吞虎咽

边吃边看电视

边吃边玩游戏

鱼刺卡住的预防性措施

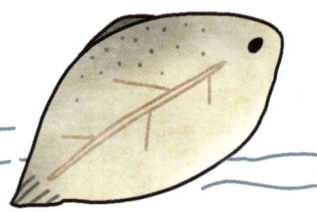

尽量吃无刺或者少刺的鱼。

吃鱼的时候,细嚼慢咽,不要说话。

专心致志

要在爸爸妈妈的陪同下吃鱼。

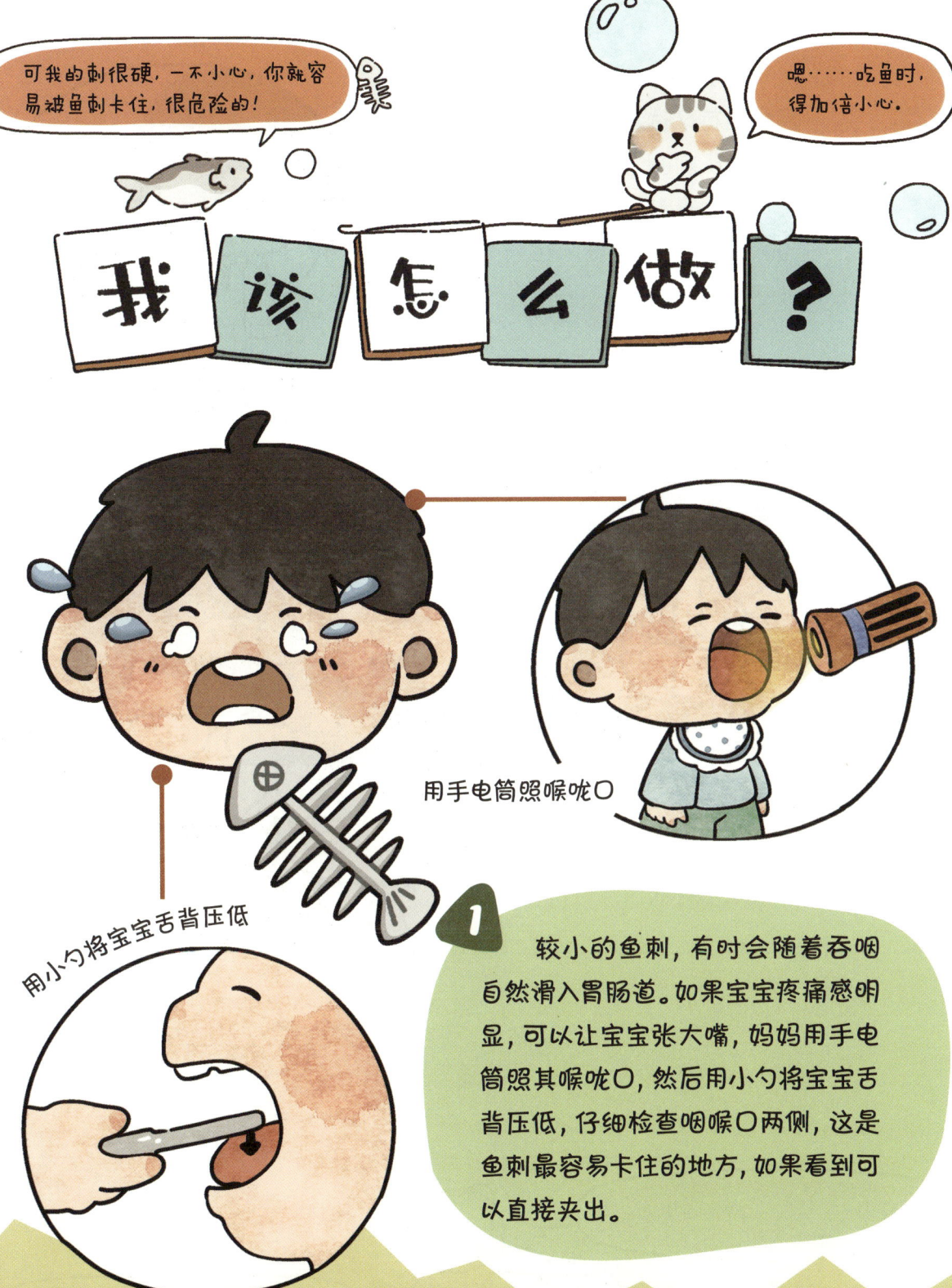

2 如果没有找到鱼刺,妈妈也可以试着用筷子、勺子等按压刺激宝宝的喉咙,使其产生恶心呕吐反应,小的或扎得较浅的鱼刺也会被呕吐出来。

鱼刺较大或扎得比较深,要尽快带宝宝去医院处理

刺激喉咙产生恶心呕吐反应

3 当看不到也呕不出鱼刺时,说明鱼刺较大或扎得比较深,妈妈就得尽快带宝宝去医院处理。

好吧,不吃你了,放你回家吧。

谢谢!

我去找找有没有什么别的好吃又安全的食物。

 # 抽搐了怎么办？

十楼的扑通倒地声

📅 2024.11.10　　🕓 下午4:00　　☁ 多云

抽搐是大脑异常放电造成的。常见的原因有脑外伤，或者是发高烧，又或者有严重的低血糖。抽搐常常出人意料地突然发作，如果没有学过急救，一旁的大人很可能会手足无措。抽搐发作时，宝宝往往没有知觉，全身肌肉抽动👐，背僵硬成弓样。这天，十楼的果果突然扑通一声重重摔在地上，嘴唇青紫，口吐白沫☁。**这种时候，我们该怎样做呢？**

哎呀！

 # 危险可能发生的场景

好痛呀,脑袋好像被摔坏了。

高热

脑外伤

感染痢疾

中毒

本身患有癫痫

抽搐的预防性措施

体温超过39摄氏度时,必须采取降温措施。

有抽搐病史的宝宝要及时去医院检查病因。

有抽搐前兆的时候,要尽快冷静下来。

在他的颈下或周围放置软毛巾

2 注意保护宝宝的头部,在他的颈下或周围放置软毛巾,以防撞伤。头颈处的衣领如果系得很紧,也需要及时松开。

松开

松开衣领

我在急救课上学过,我们先来给它急救吧!

好的,我马上打电话给医生!

清醒过来了!

# 四肢骨折了怎么办？

十一楼的滑板大王

 2024.11.10　　 下午6:00　　 乌云

　　宝宝们都是十级能量的小超人，摸爬滚打，上蹿下跳，所以他们也很容易受伤，尤其是四肢容易骨折。宝宝们的骨头像是正在生长的嫩树枝，较为柔软，当受到较强外力冲击后会发生骨折。当他们摔跤后，肢体活动困难，摔伤部位出现畸形、肿胀或有瘀伤，肢体变短、弯曲或者扭曲，大致可以判断为骨折。骨折还可以根据断端是否与外界相通分为闭合性骨折和开放性骨折，开放性骨折的情况就更加严重，需要紧急手术。十一楼的凯凯是个运动小达人，他最爱的就是滑滑板，可这次一个不小心，身体重重地摔在了地上。`糟糕，好像骨头断了。`

闭合性骨折的急救方法

放置衬垫，并拨打120

1 让宝宝不要动，在悬吊或绷带固定前，家长需用手支撑住宝宝骨折部位上下处的关节。

2 在骨折上下两关节骨隆突处放置衬垫防止受压，并拨打120。

支撑住宝宝骨折部位上下处的关节

3 如果120不能马上到达,为了让支撑更牢固,可将骨折处固定到宝宝身体没受伤的部位上。上肢可用悬吊固定,下肢骨折可用折叠绷带将宝宝受伤的腿固定在没受伤的腿上,注意结要打在没有受伤的一侧。

上肢可用悬吊固定

上肢骨折

下肢骨折

骨折处

下肢骨折可用折叠绷带将宝宝受伤的腿固定在没受伤的腿上

刚刚我从书架上跳下来,现在感觉站不起来了。

好像是骨折了。

4 等待救护车时,注意观察并记录孩子的反应和呼吸。每 10 分钟检查宝宝悬吊或绷带外其他部位的血液循环情况,如果血液循环受影响,要及时松开绷带。

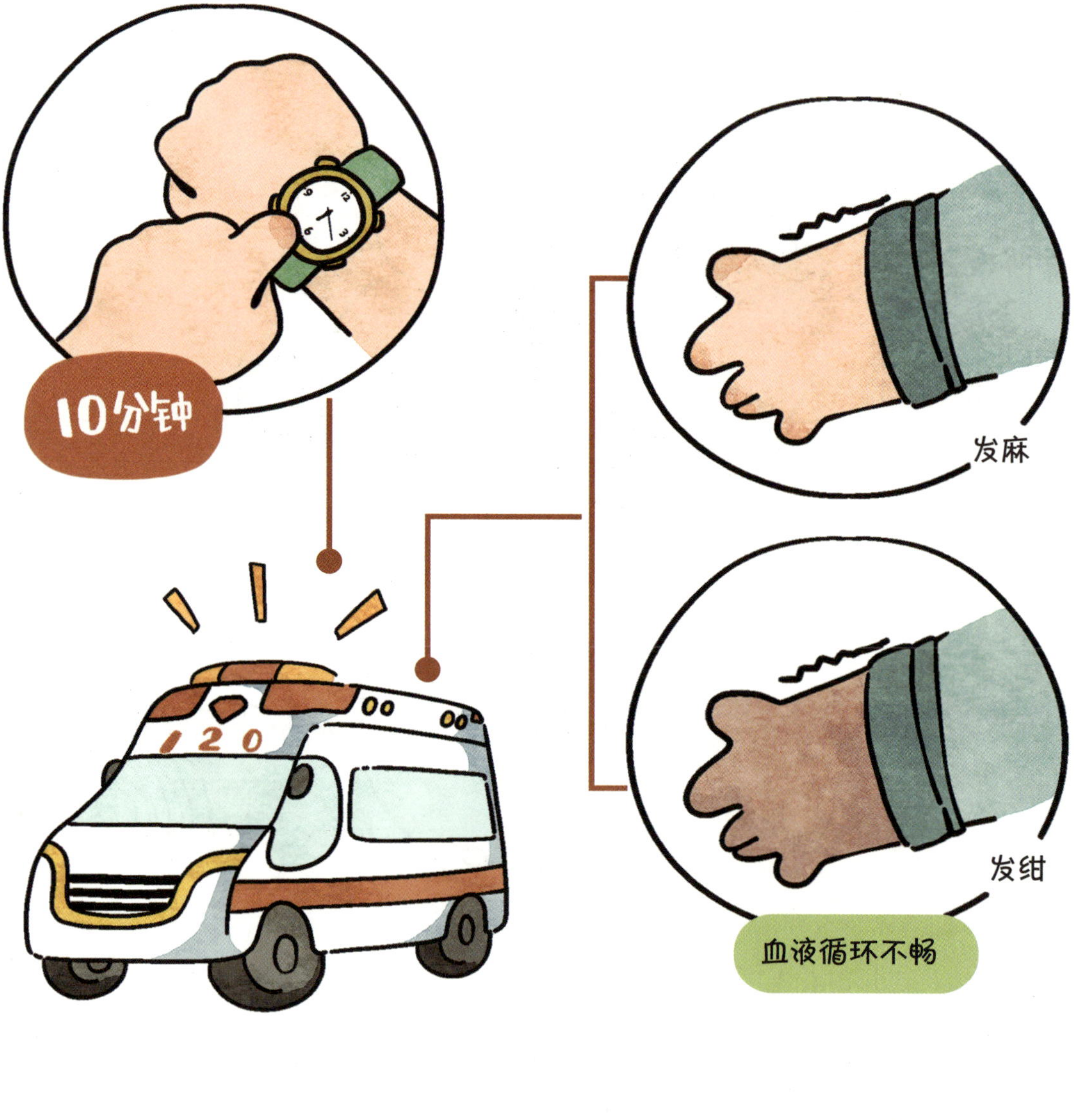

10分钟

发麻

发绀

血液循环不畅

你不要乱动,我找点东西先帮你固定一下。

开放性骨折的急救方法

1 用大块的干净纱布覆盖宝宝的伤口,紧压受伤部位周围止血,小心不要按到突出的断骨。

干净纱布

用干净纱布覆盖伤口

按压

紧压受伤部位周围止血

痛死了,你扶我去找医生吧。

不行,骨折了不能随便移动,我打电话找啄木鸟急救队。

2 小心地把更多干净的纱布覆盖在伤口上。

包扎不要太紧

纱布
↓

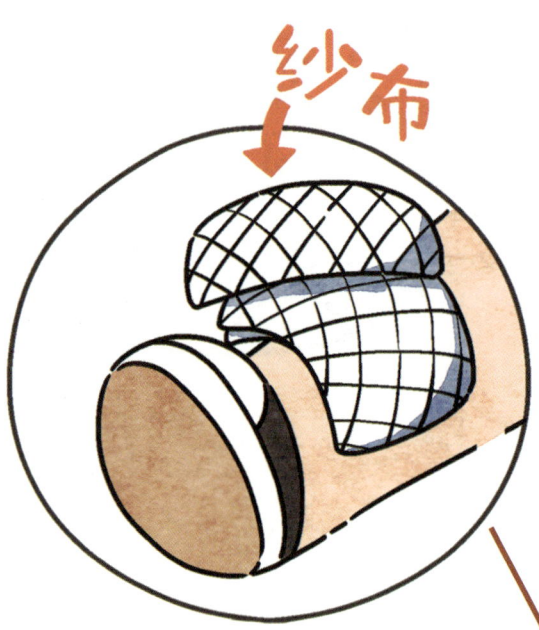

3 用绷带固定住所有的纱布，牢固地包扎，但注意不要太紧，以免影响绷带外其他部位的血液循环。

等待救援中……

你有吃的吗？我有点饿了……

你一会儿可能要手术呢，不能吃东西。

4 再用夹板或木棒固定。

用夹板或木棒固定

10分钟

观察并记录生命体征，保持血液循环良好

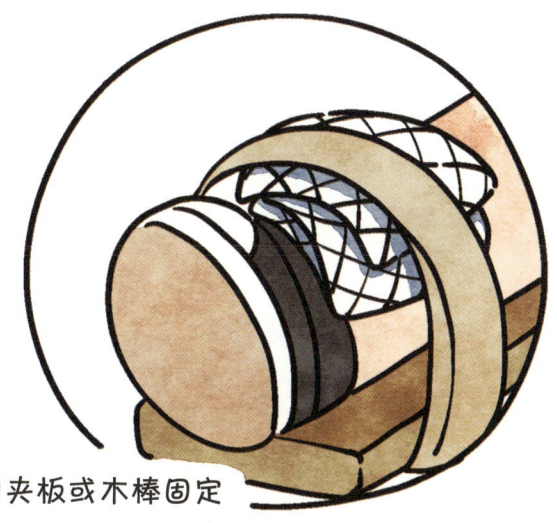

5 在等待救援时，注意观察并记录生命体征。每10分钟检查悬吊或绷带外其他部位的血液循环情况，如果血液循环受影响，要及时松开绷带。

又不能动，又不能吃，好难过！

所以，你下次不要再从那么高的地方跳下来了呀，多危险！

关节脱位

1 让宝宝静止不动,帮助他支撑受伤的手臂,尽量将前臂用布带缠绕,并屈曲肘关节、贴紧胸前悬吊固定,使手臂保持在最舒适的位置。

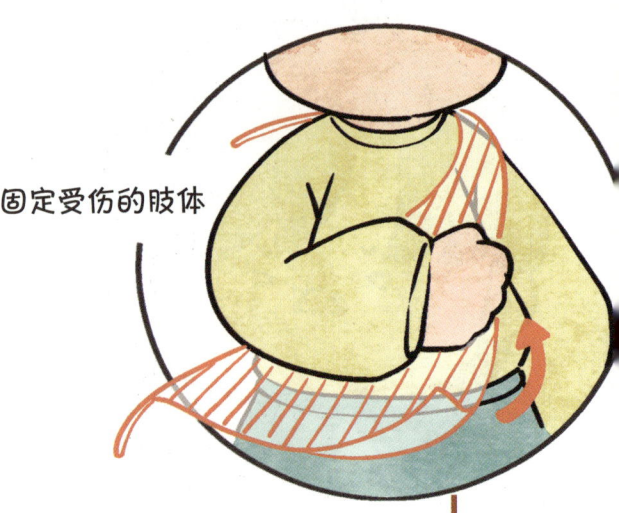

固定受伤的肢体

支撑手臂

2 用三角巾固定受伤手臂,或用宽折叠的绷带固定受伤的肢体。

来了,来了!

3 在受伤肢体和躯干之间放置纱布垫。为了给受伤手臂提供额外支撑，可以用宽折叠绷带将包扎三角巾和身体绕一圈进行固定。

过度用力牵拉 →
桡骨
尺骨
桡骨小头半脱位
肱骨

每 10 分钟检查绷带外的血液循环情况

10分钟

小贴士 过度用力牵拉易导致婴幼儿桡骨小头半脱位。这是婴幼儿常见的肘部损伤之一。

纱布垫 →

在受伤肢体和躯干之间放置纱布垫

4 在等待救援期间观察生命体征，每 10 分钟检查一次绷带外的血液循环情况。

你做得很好。

需要马上安排手术。

骨折的判断

夏季衣物少,孩子更容易骨折。男童骨折的几率是同龄女孩的2倍。

骨折部位有畸形、肿胀、瘀伤,骨折断端有粗糙的摩擦感,人感到疼痛或活动困难,甚至完全无法活动。这些都是我们说的骨折的症状。

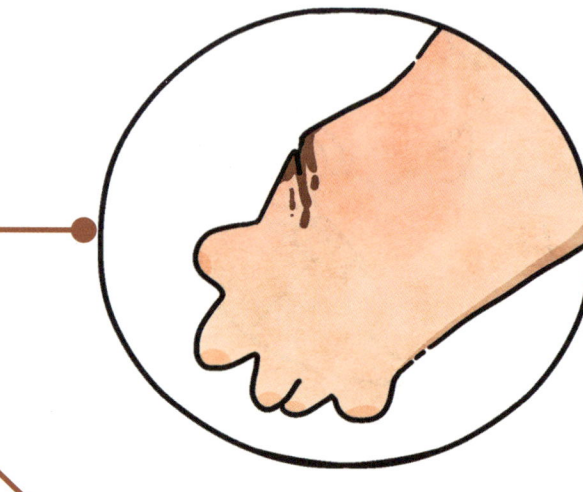

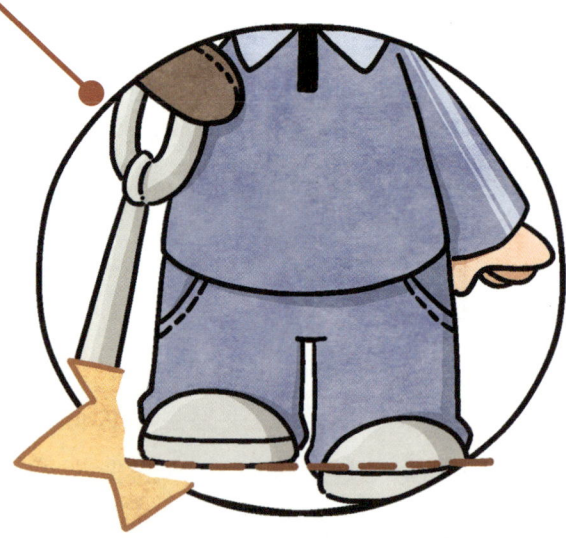

补钙小课堂

吃坚果,喝牛奶,多吃蔬菜和水果。多运动,……

 # 鼻出血了怎么办？

十二楼小画家的意外

📅 2024.11.10　　🕖 晚上7:00　　☁ 多云

宝宝鼻出血的情况很常见，有时是因为气候干燥鼻腔内毛细血管破裂，也有时候是鼻子受到了撞击或者被什么东西戳到了，又或者打了个大喷嚏，甚至有时挖鼻孔、抠鼻子都会引起鼻出血。十二楼的小米、小柠檬兄妹和爸爸坐在垫子上，小米正拿着笔描绘着他的大作，爸爸也专心致志地折着纸飞机。只听到哇的一声，小米突然流了好多鼻血，爸爸一时慌张极了，手足无措。**快教教爸爸怎么办吧。**

危险可能发生的场景

被击中

熬夜上火

鼻腔异物

全身系统性疾病

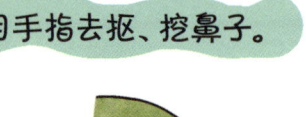
鼻出血的预防性措施

玩耍时，注意安全。

避免用手指去抠、挖鼻子。

避免往自己鼻子里塞硬物而损伤鼻黏膜血管。

营养摄入均衡、减少感冒。

我该怎么做？

哇，我流鼻血了！

小锅，别抬头！我来了。

1 让宝宝坐下，头向前倾，使血从鼻腔内流出。帮助宝宝捏住鼻子并安抚宝宝，给宝宝一个碗接住流出物。捏住鼻子10分钟后，用棉球、纱布卷等填塞流血的鼻孔以协助止血。

让宝宝坐下，头向前倾

帮助宝宝捏住鼻子，并安抚宝宝

可用棉球、纱布卷等填塞流血的鼻孔

2 让宝宝通过口腔呼吸，不要讲话、吞咽、咳嗽、吐痰或吸鼻子，这些行为都可能影响血液的凝结。

3 用冷水浸湿过的毛巾或者冰袋冰敷，敷于宝宝前额或颈部，以减少出血量。

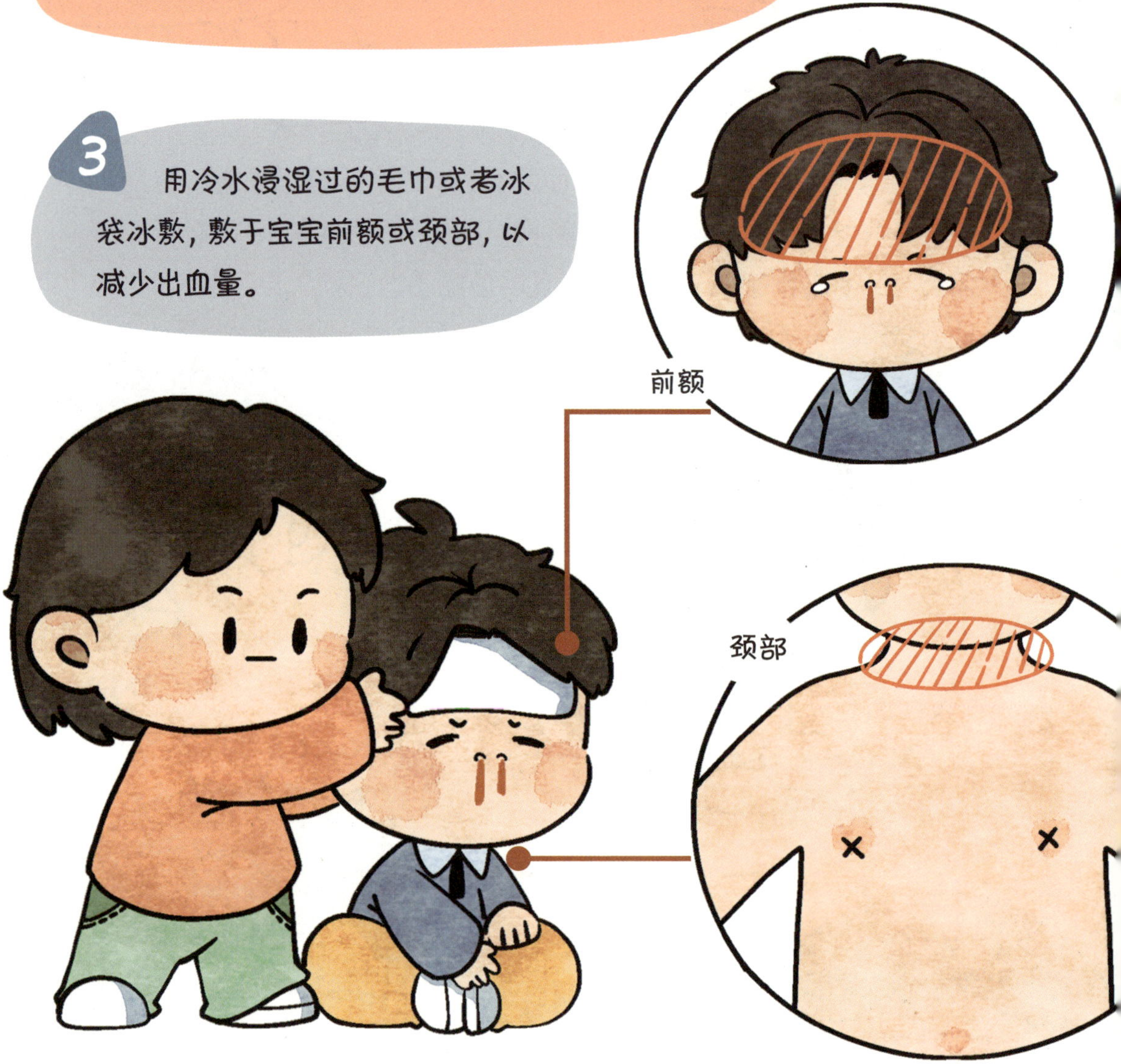

前额

颈部

你把头往前伸，先把鼻子里的血都流出来。

是这样吗？

6 如果血止住后又再次出血,需要再次帮宝宝捏住鼻子。

120急救电话

出血较严重或出血时间超过 30 分钟

7 如果出血较严重或出血时间超过 30 分钟,要尽快拨打 120 急救电话寻求帮助。

谢谢你们,我好多了。

客气!

朋友就要互相帮助呀。虽然血止住了,但你还要多休息一会儿。

 # 如何正确有效地拨打120急救电话？

需告知宝宝，120是急救电话，在非常紧急的情况下可以拨打。例如：身边的小朋友吃东西时不小心被卡住了，或者有小朋友掉到池塘里了，或者是小朋友流了大量的鼻血。

小朋友掉到池塘里

小朋友流了大量的鼻血

小朋友吃东西时被卡住了

120急救

那么，拨打120后宝宝应该说些什么呢？宝宝需要这样告诉医护人员——

1 拨打120时，要很镇静地说出现在的正确地址。

2 要说出主要发生了什么情况。

3 要说清大致有多少人生病或者受伤了。

4 说完后不要急着挂断电话，可以打开电话免提，最好能让身边的大人也听到电话，并保持该电话的畅通。

5 请身边的大人在120调度的电话医学指导下进行急救。

# 超人爸妈的自测宝典

① 如果发生烫伤，对伤口的处理哪些是不正确的？（　　　）

A. 挤压、刺破水泡

B. 用冰块敷伤口

C. 用牙膏、食用油、蜂蜜涂抹伤口

D. 用流水给皮肤降温

E. 用无菌纱布覆盖住受伤的部位

② 如果被蜜蜂  蜇伤，以下哪些急救行为是正确的呢？（　　　）

A. 用镊子挤压伤口，将刺清除

B. 用卡的边缘或指甲朝一侧将刺刮出

C. 用指腹轻轻按压被蜇伤的部位，挤出毒液

D. 用流动的水清洗受伤的部位

E. 清洗后在伤口涂上止痒软膏

F. 如果没有针对性的药膏，可以在伤口处涂上牙膏

G. 可以用冰袋对受伤部位进行冰敷

③ 当宝宝被动物抓伤或者咬伤时，下列哪些做法是正确的呢？（　　　）

A. 用流水清洗伤口，立即用干净的纱布止血

B. 如果伤口出血不多，可先将被抓咬部位的血挤出

C. 用大量有一定压力的清水或者肥皂水冲洗伤口

D. 涂抹外伤药膏后立刻就医

E. 迅速赶往医院打狂犬病疫苗

 鼻出血是宝宝常常会遇到的事,那家长该如何处理呢?
请选出下列正确的做法。(　　)

A. 让宝宝坐下,头往后仰,防止鼻血流出

B. 捏住鼻子十分钟后,可用棉球、纱布卷等填塞流血的鼻孔

C. 让宝宝用嘴呼吸,不要讲话、吞咽、咳嗽等

D. 用冰袋或冰毛巾敷在鼻子部位

E. 血止住后,用温水清洗鼻腔周围,让宝宝安静休息

 可能引起宝宝中毒的食物有哪些呢?(　　)

A. 发芽的土豆 　　B. 发芽的红薯

C. 颜色鲜艳的蘑菇 　　D. 发霉的面包

E. 加热不彻底的扁豆、豆角 　　F. 苦杏仁

G. 变质的饭菜 　　H. 没有煮熟的生豆浆

I. 没有炒熟的鲜黄花菜

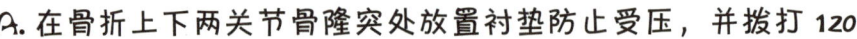 如果宝宝出现骨折  的情况,家长该如何处理?
下列说法正确的有哪些呢?(　　)

A. 在骨折上下两关节骨隆突处放置衬垫防止受压,并拨打120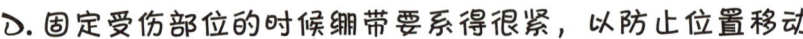

B. 赶紧将宝宝抱至安全处,再进行骨折部位处理

C. 可以将骨折处固定到宝宝身体没有受伤的部位

D. 固定受伤部位的时候绷带要系得很紧,以防止位置移动

E. 上肢骨折可采用悬吊固定,下肢骨折可用折叠绷带将受伤的腿固定在没受伤的腿上

 # 家庭急救知识通关挑战赛

找一找

妞妞不小心被蜇伤了，你能在图中帮她找到正确的急救物品吗？

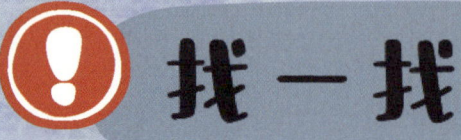 找一找

周一 狼吞虎咽

妈妈给小萌拍了一些照片,请你找一找哪些是危险的场景?

周四 边吃边打游戏

❗ 找一找

找一找

- 最硬 _____
- 最小 _____
- 最长 _____
- 婴幼儿最容易骨折 _____

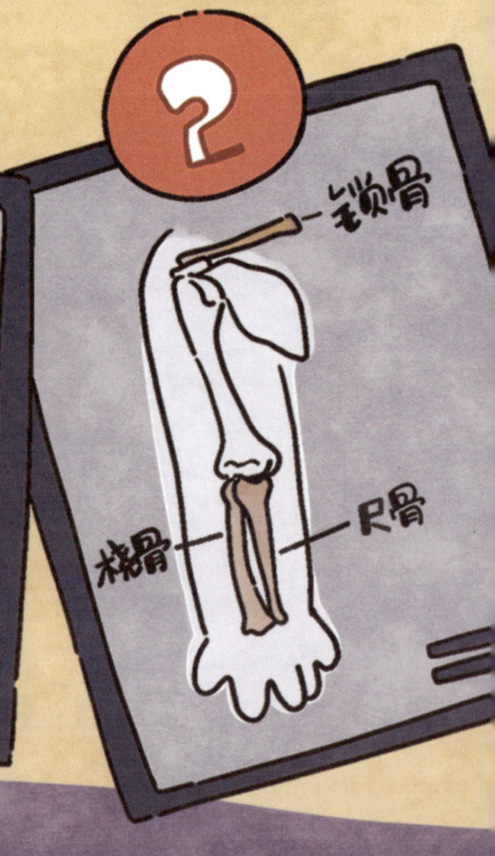

人体一共有 206 块骨头,请找出与下图信息相符合的骨头吧!

4

股骨

3

听小骨

87

! 找一找

蒙蒙不慎受伤，请你帮他找出合适的急救物品。

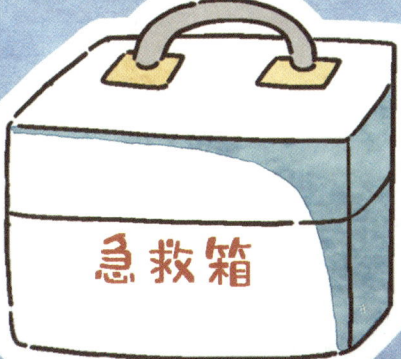

连一连

宸宸突然流鼻血了,请你帮帮他,找出他需要的急救物品在哪个急救箱里。

连一连

煤气中毒在日常生活中比较常见。下面这些照片不小心被小猫撕碎，请你把它们拼出来并圈出容易发生煤气中毒的场景吧！

连一连

妮妮的宠物丢了,请你连一连,帮她把拼图补齐,找到她的小伙伴吧!

酷暑来临,请你圈出下图中容易中暑的场景!

1. A B C
2. B C D E G
3. B C E
4. B C E
5. A B C D E F G H I
6. A C E

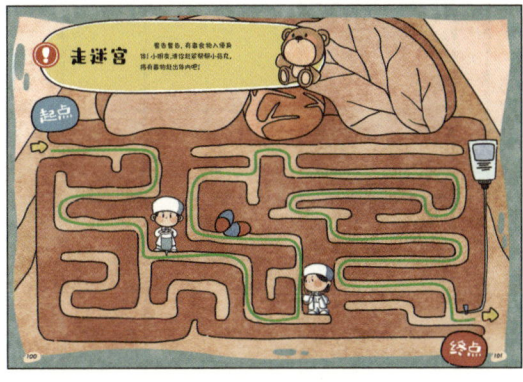

103

宝贝健康观察手册

项目\星期	体温	情绪		进餐		睡眠		大便	
		正常	欠佳	正常	欠佳	正常	欠佳	正常	欠佳
周一				早					
				中					
				晚					
周二				早					
				中					
				晚					
周三				早					
				中					
				晚					
周四				早					
				中					
				晚					
周五				早					
				中					
				晚					
周六				早					
				中					
				晚					
周日				早					
				中					
				晚					

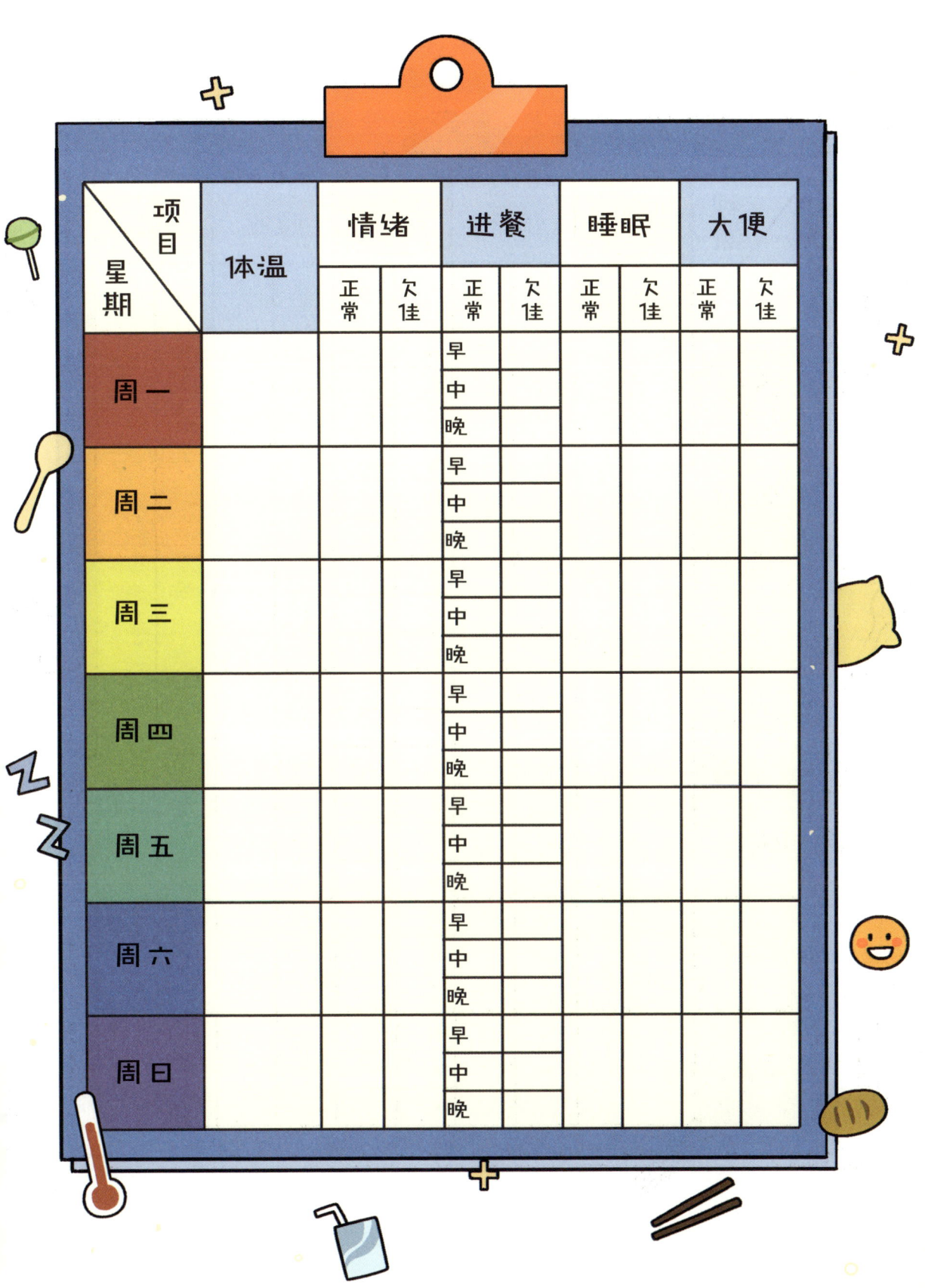

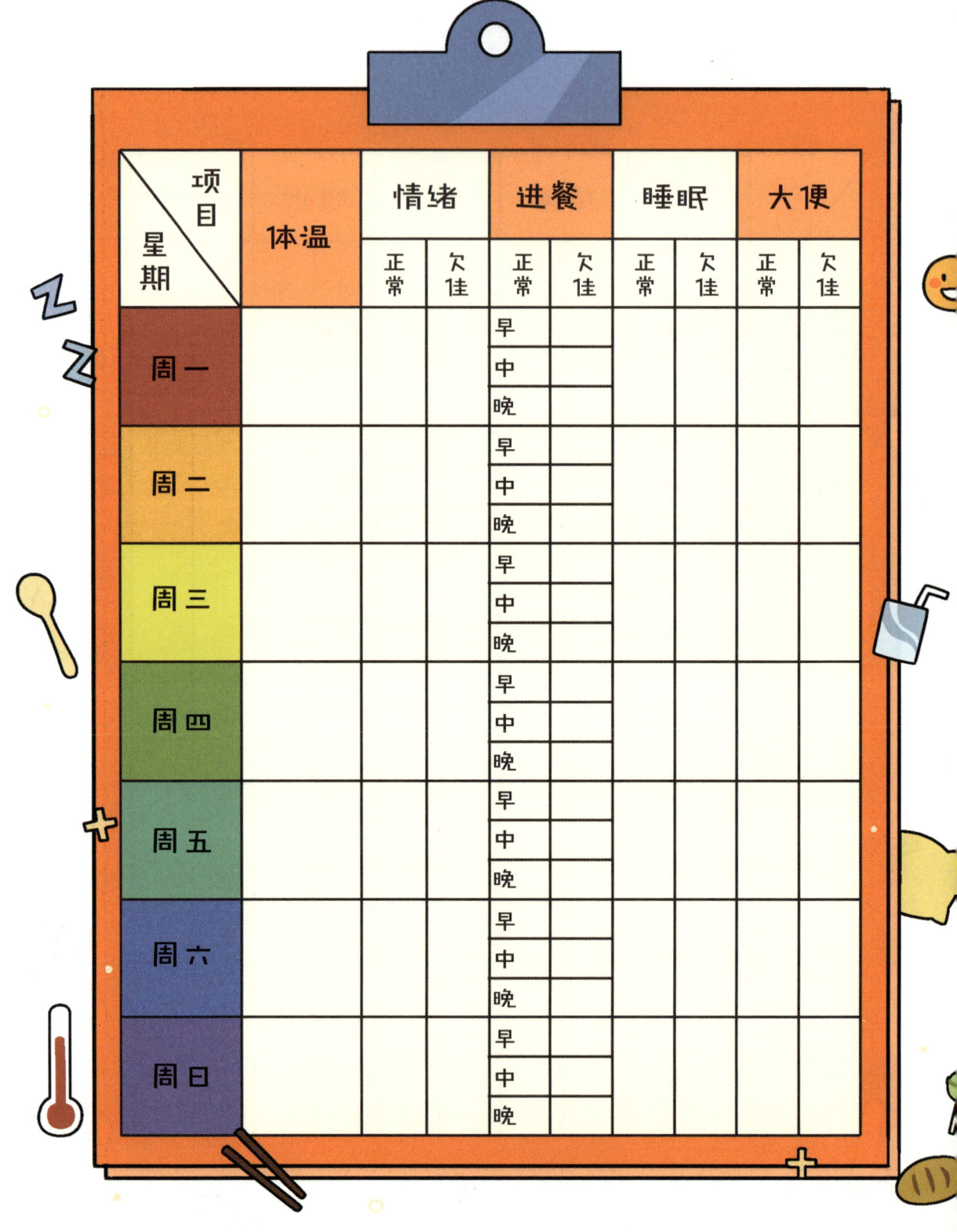

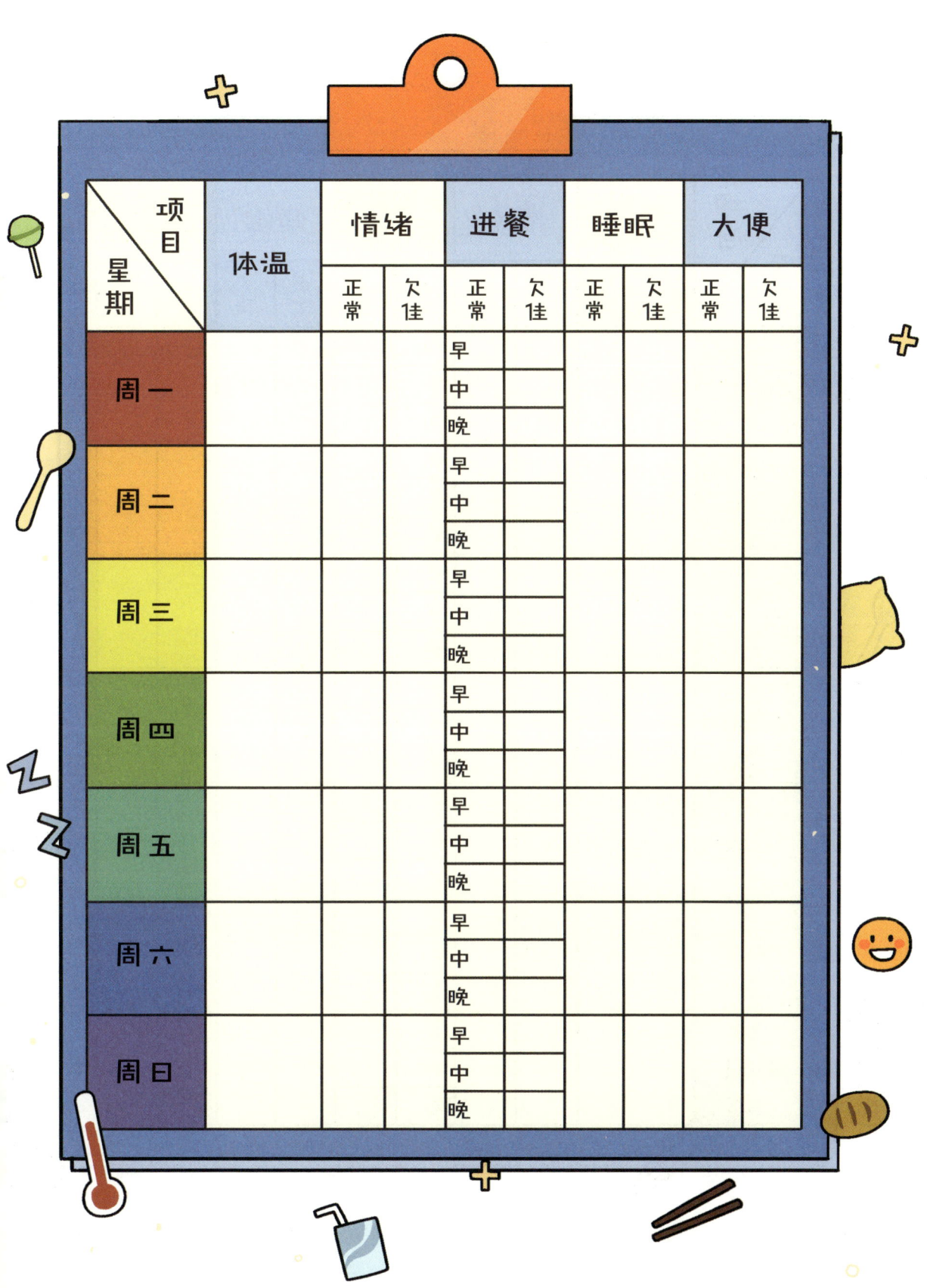

项目 星期	体温	情绪		进餐		睡眠		大便	
		正常	欠佳	正常	欠佳	正常	欠佳	正常	欠佳
周一				早					
				中					
				晚					
周二				早					
				中					
				晚					
周三				早					
				中					
				晚					
周四				早					
				中					
				晚					
周五				早					
				中					
				晚					
周六				早					
				中					
				晚					
周日				早					
				中					
				晚					

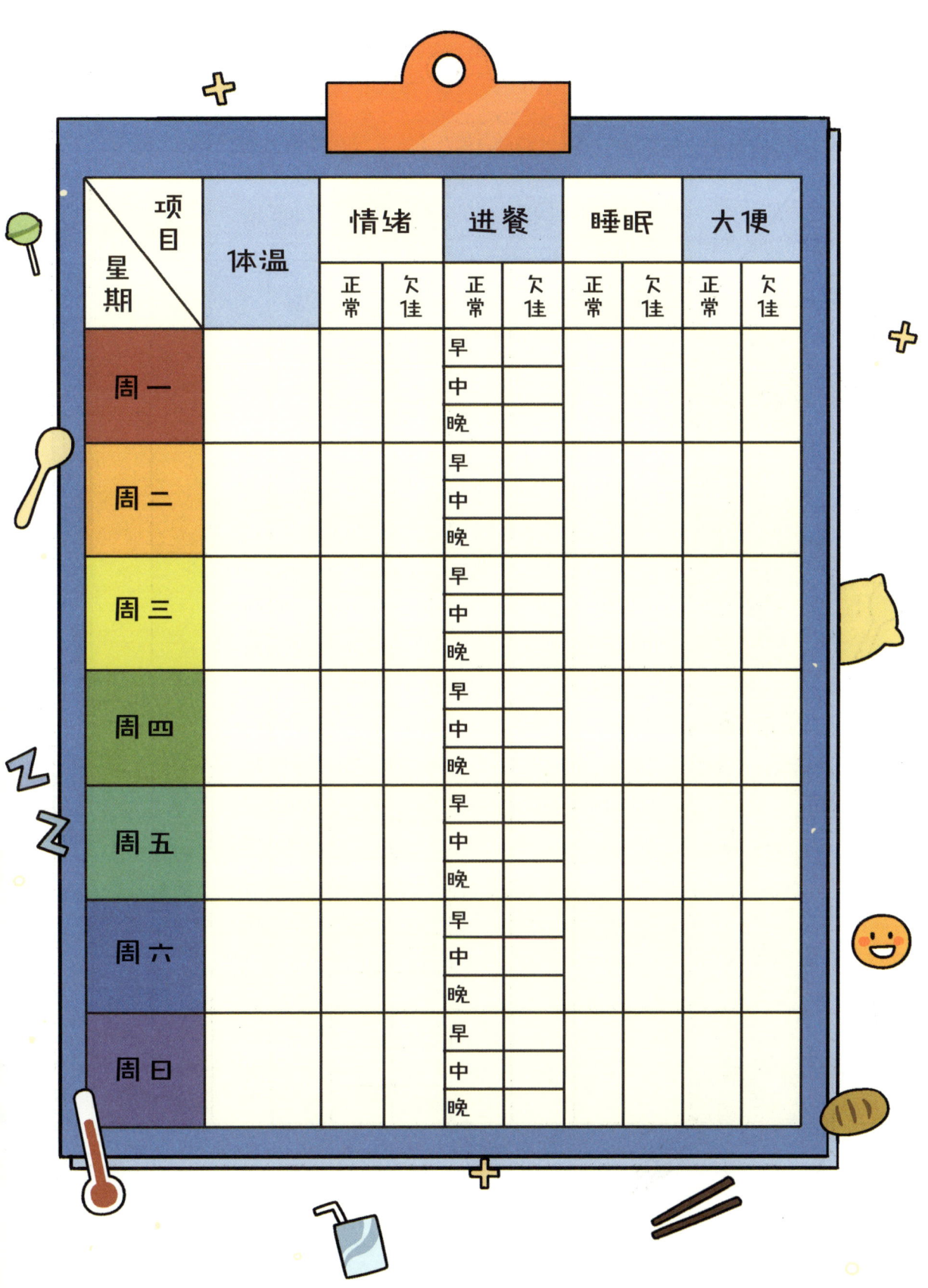

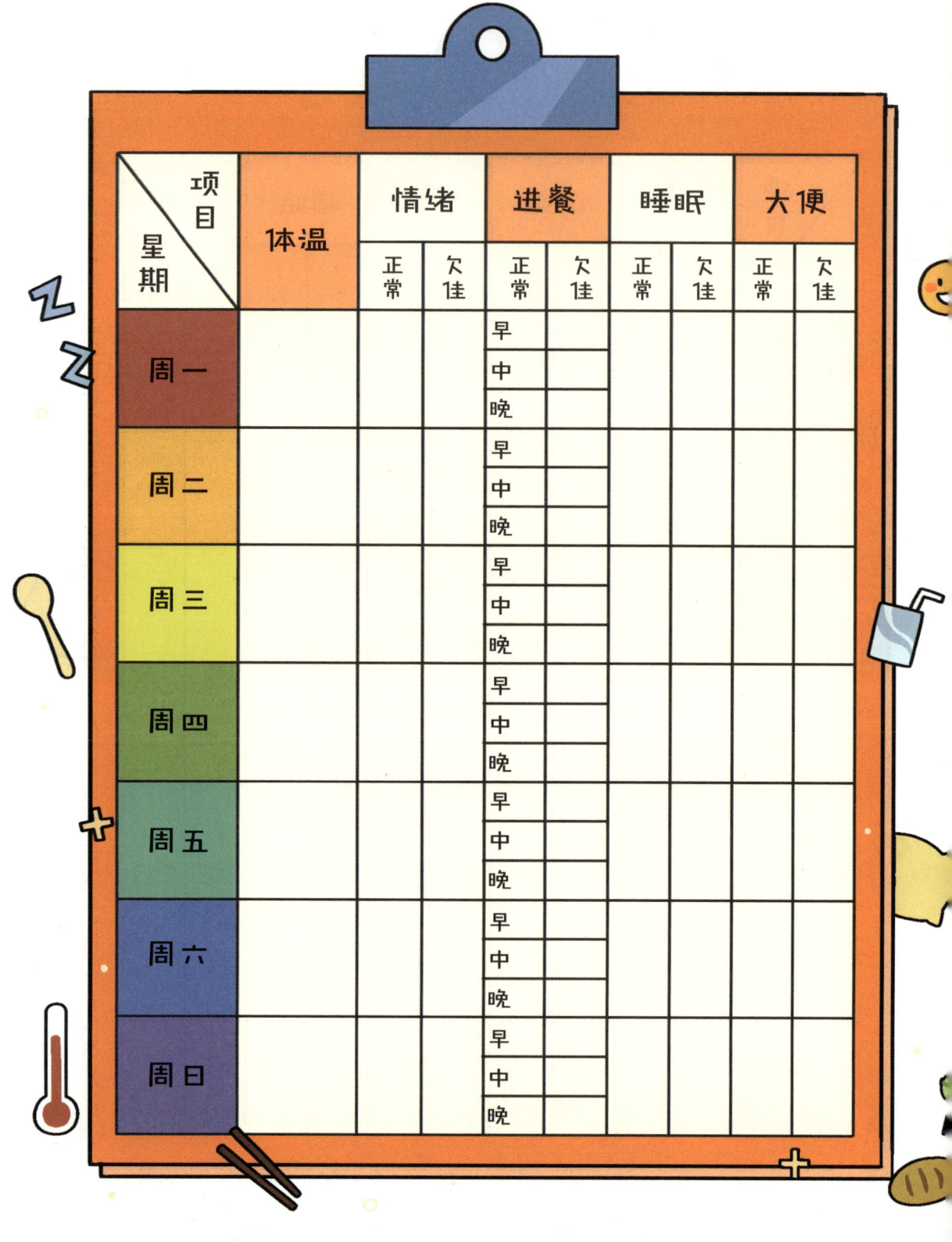

星期＼项目	体温	情绪		进餐		睡眠		大便	
		正常	欠佳	正常	欠佳	正常	欠佳	正常	欠佳
周一				早 中 晚					
周二				早 中 晚					
周三				早 中 晚					
周四				早 中 晚					
周五				早 中 晚					
周六				早 中 晚					
周日				早 中 晚					

项目＼星期	体温	情绪		进餐			睡眠		大便	
		正常	欠佳	正常	欠佳		正常	欠佳	正常	欠佳
周一				早						
				中						
				晚						
周二				早						
				中						
				晚						
周三				早						
				中						
				晚						
周四				早						
				中						
				晚						
周五				早						
				中						
				晚						
周六				早						
				中						
				晚						
周日				早						
				中						
				晚						

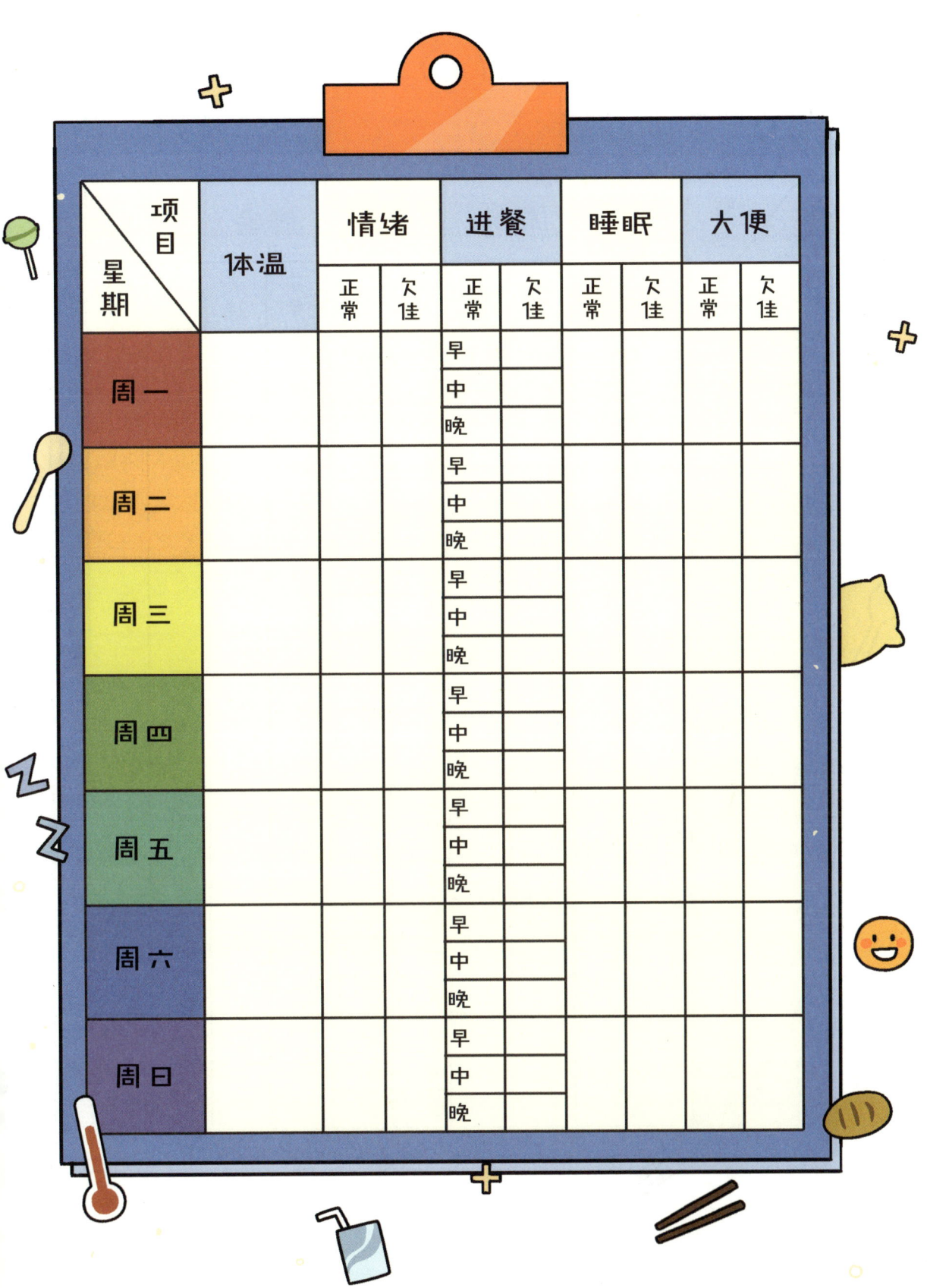

项目　　星期	体温	情绪		进餐		睡眠		大便	
		正常	欠佳	正常	欠佳	正常	欠佳	正常	欠佳
周一				早					
				中					
				晚					
周二				早					
				中					
				晚					
周三				早					
				中					
				晚					
周四				早					
				中					
				晚					
周五				早					
				中					
				晚					
周六				早					
				中					
				晚					
周日				早					
				中					
				晚					

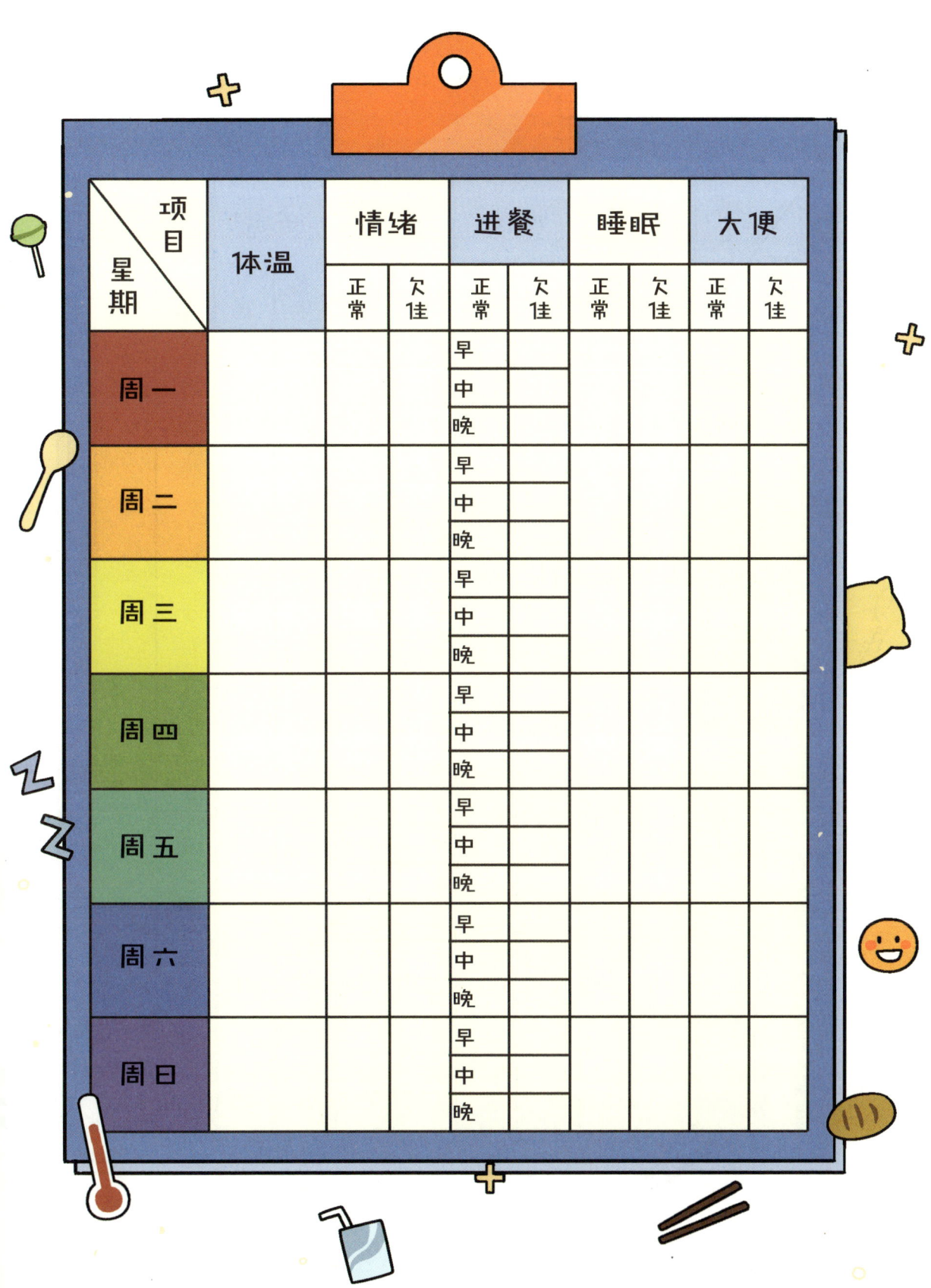

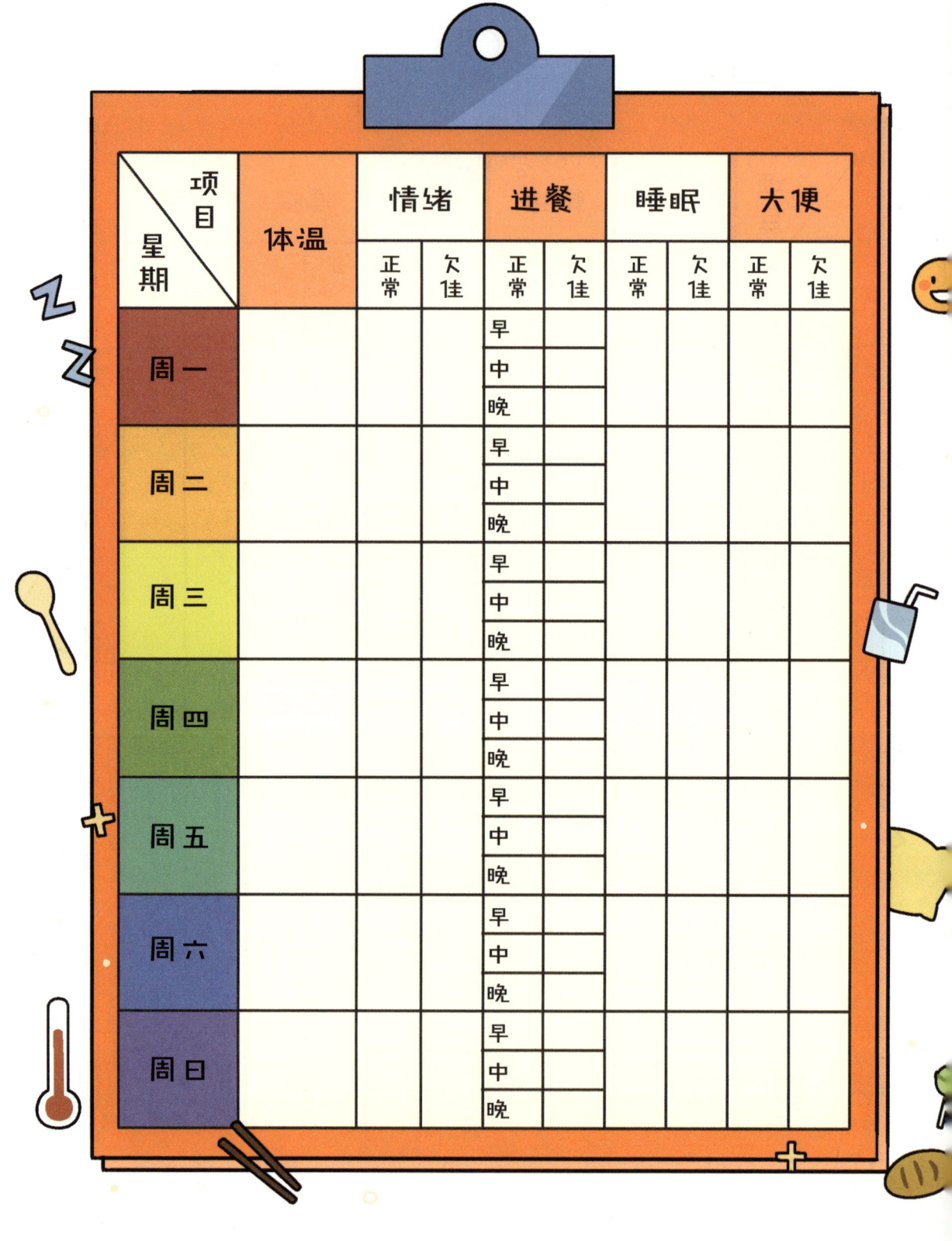

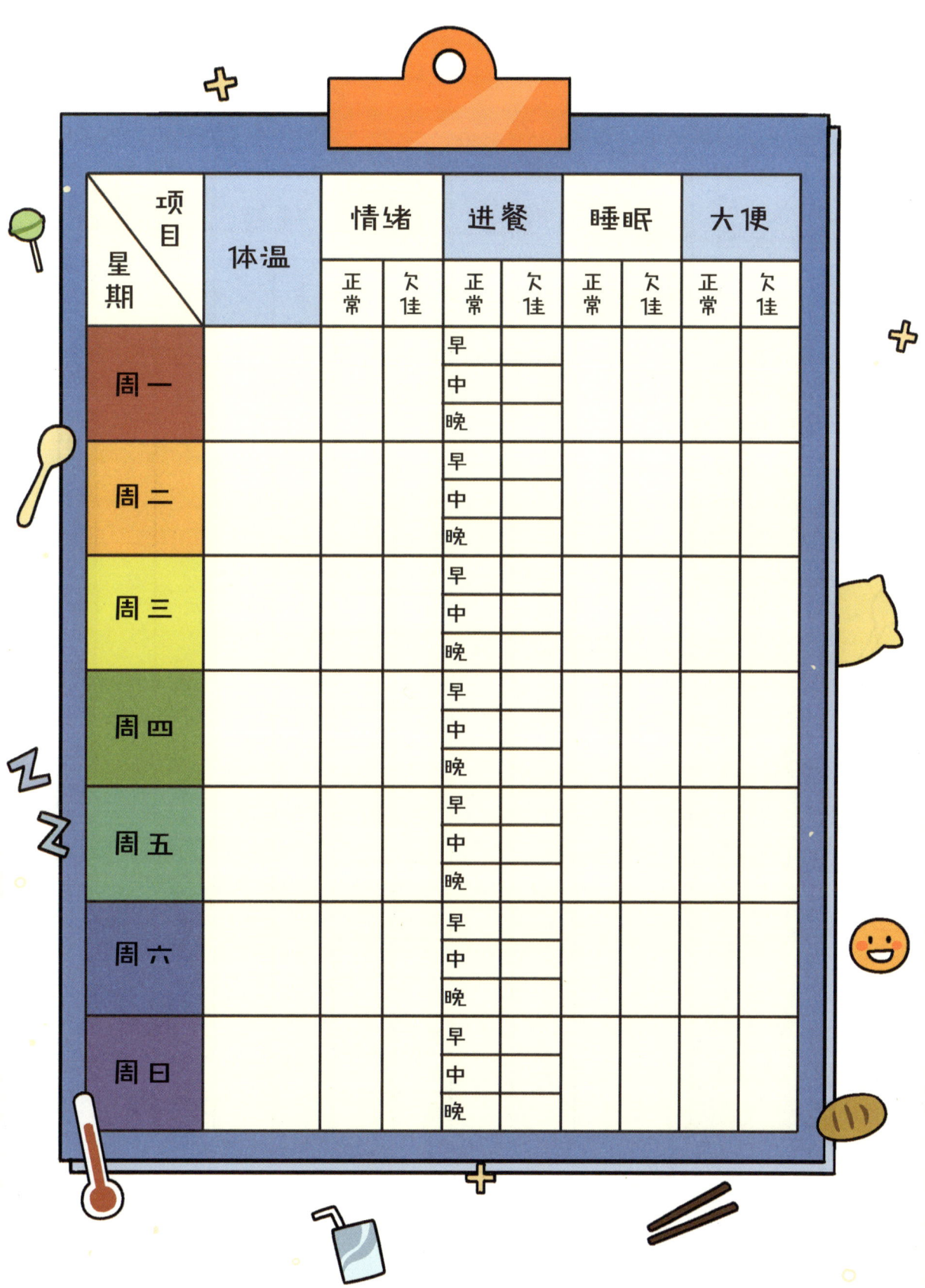

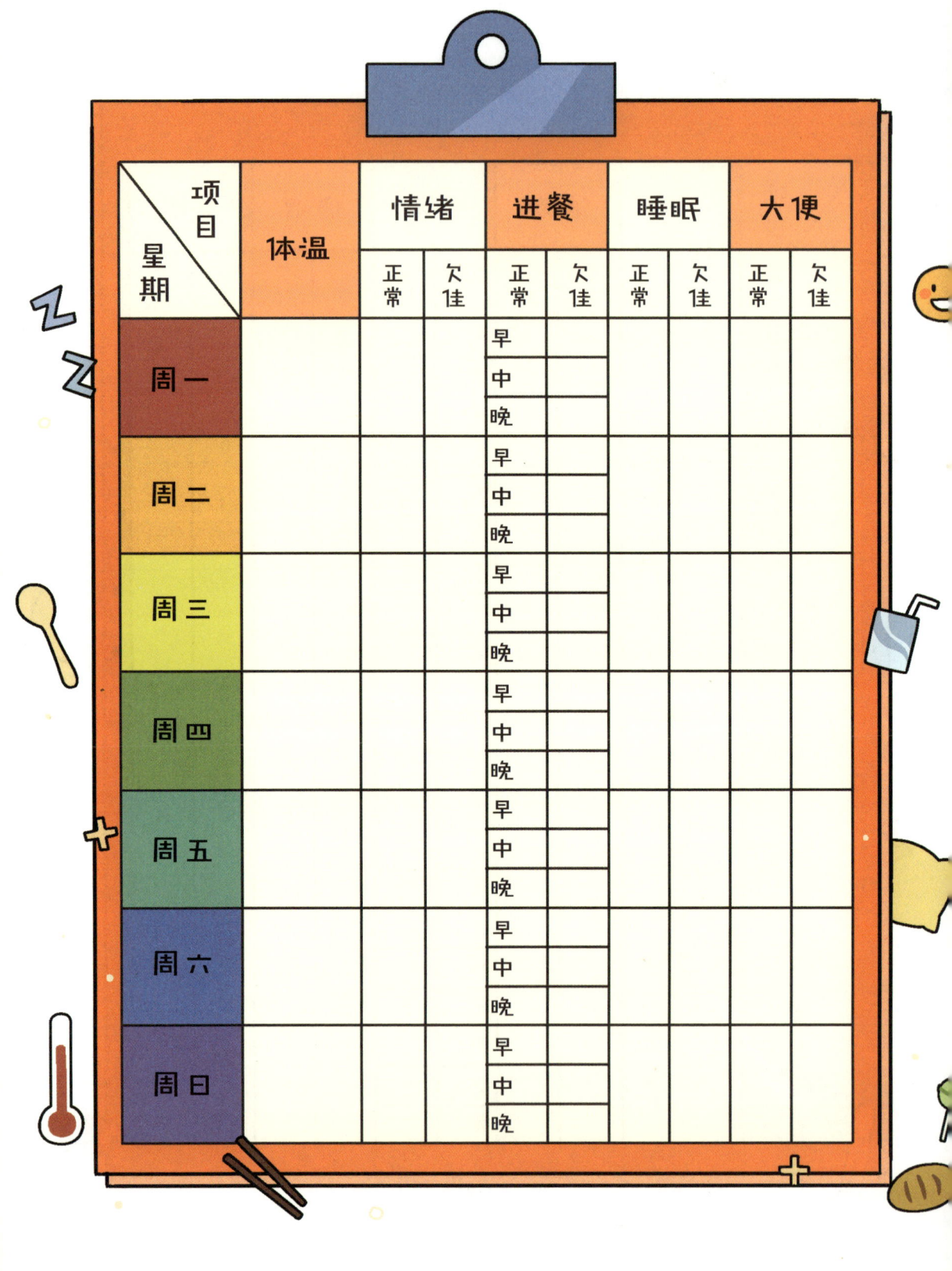

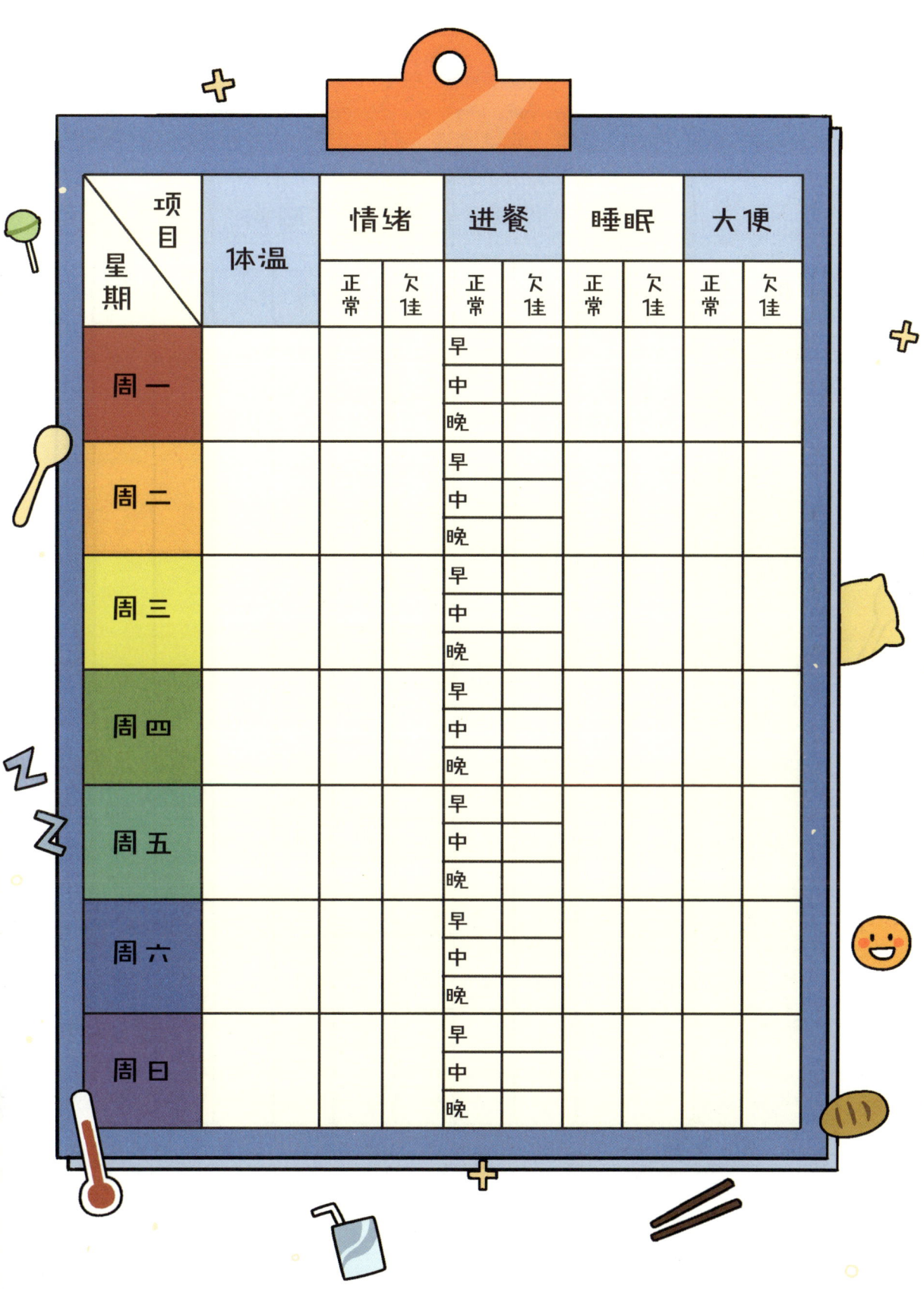

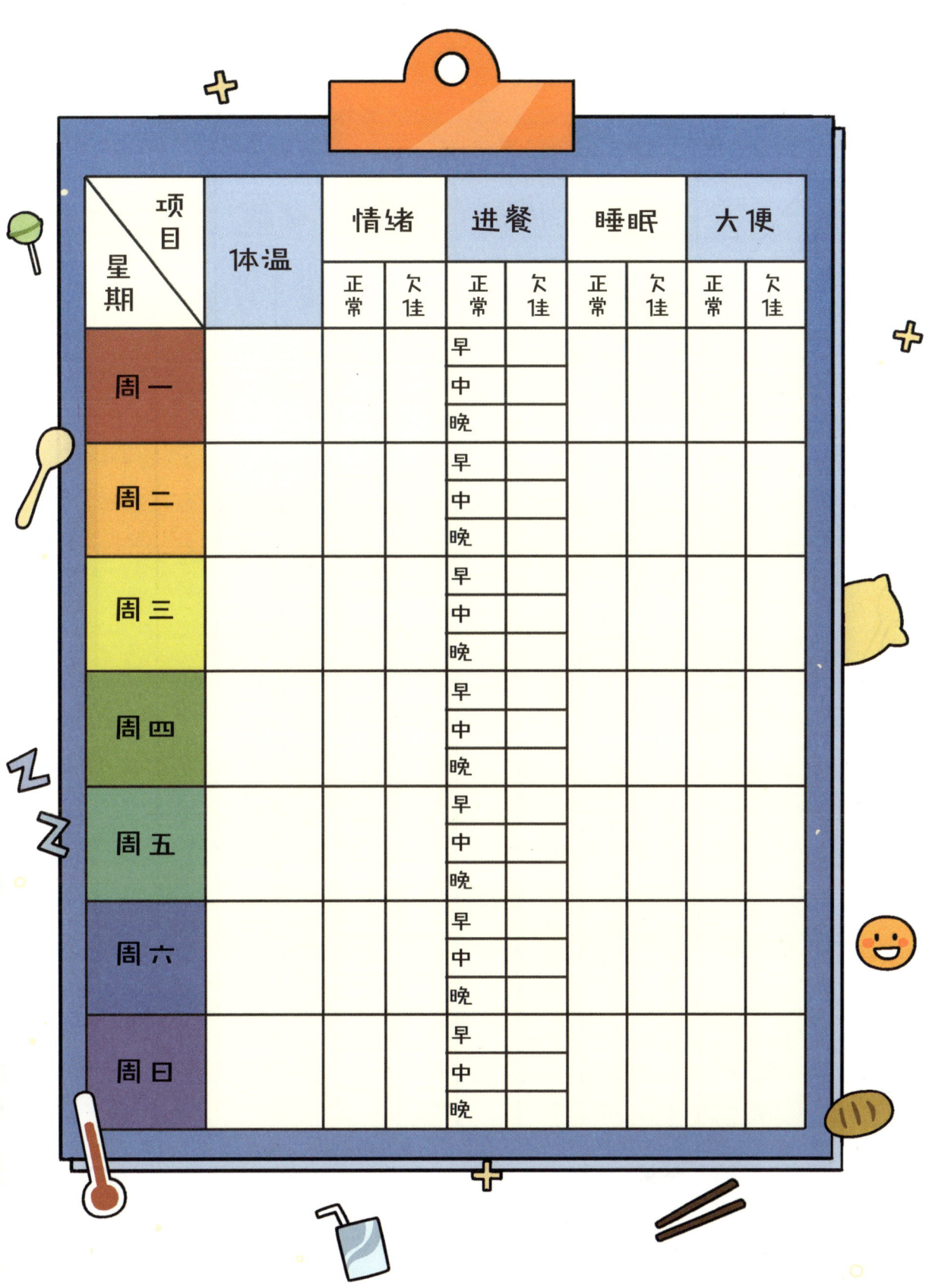

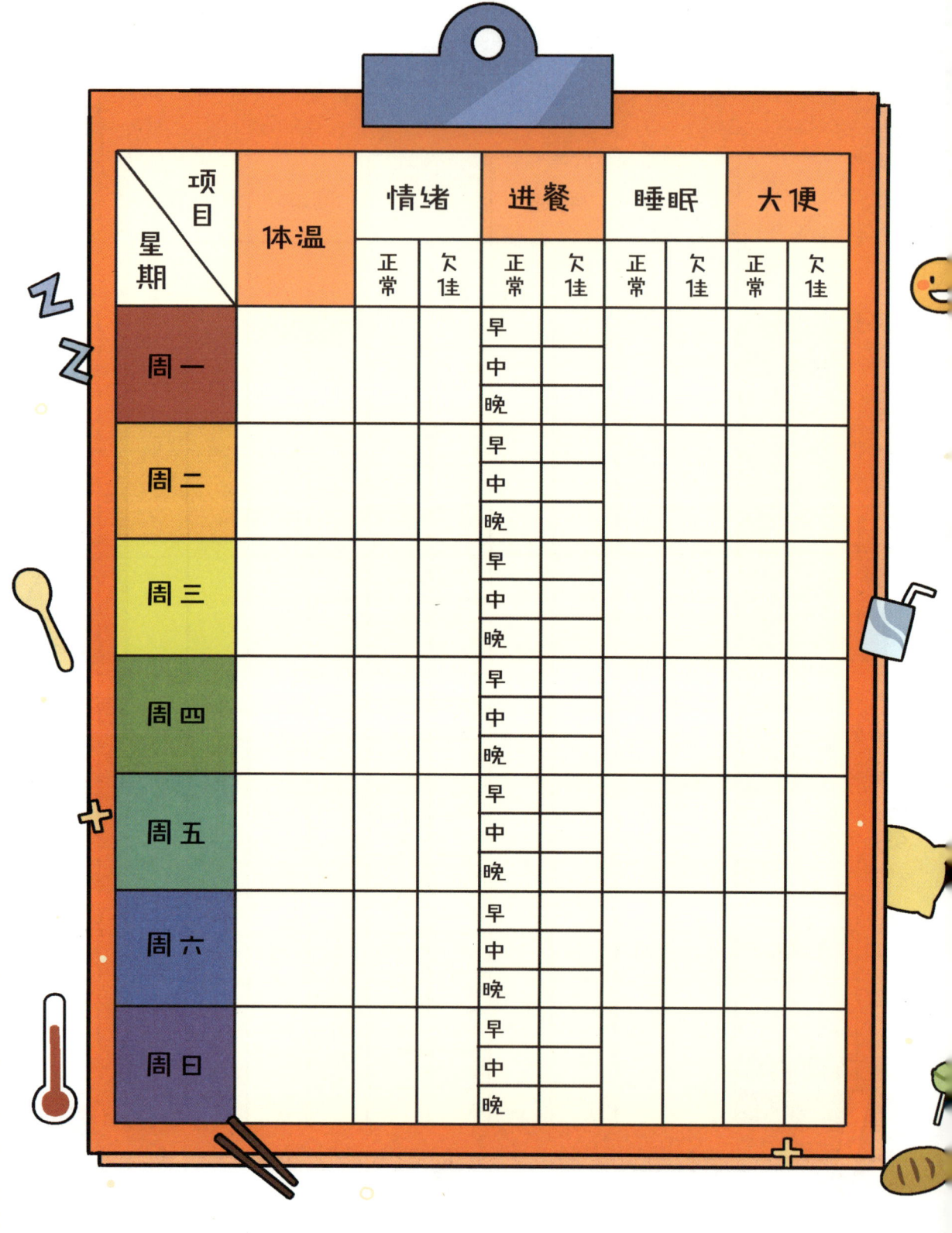

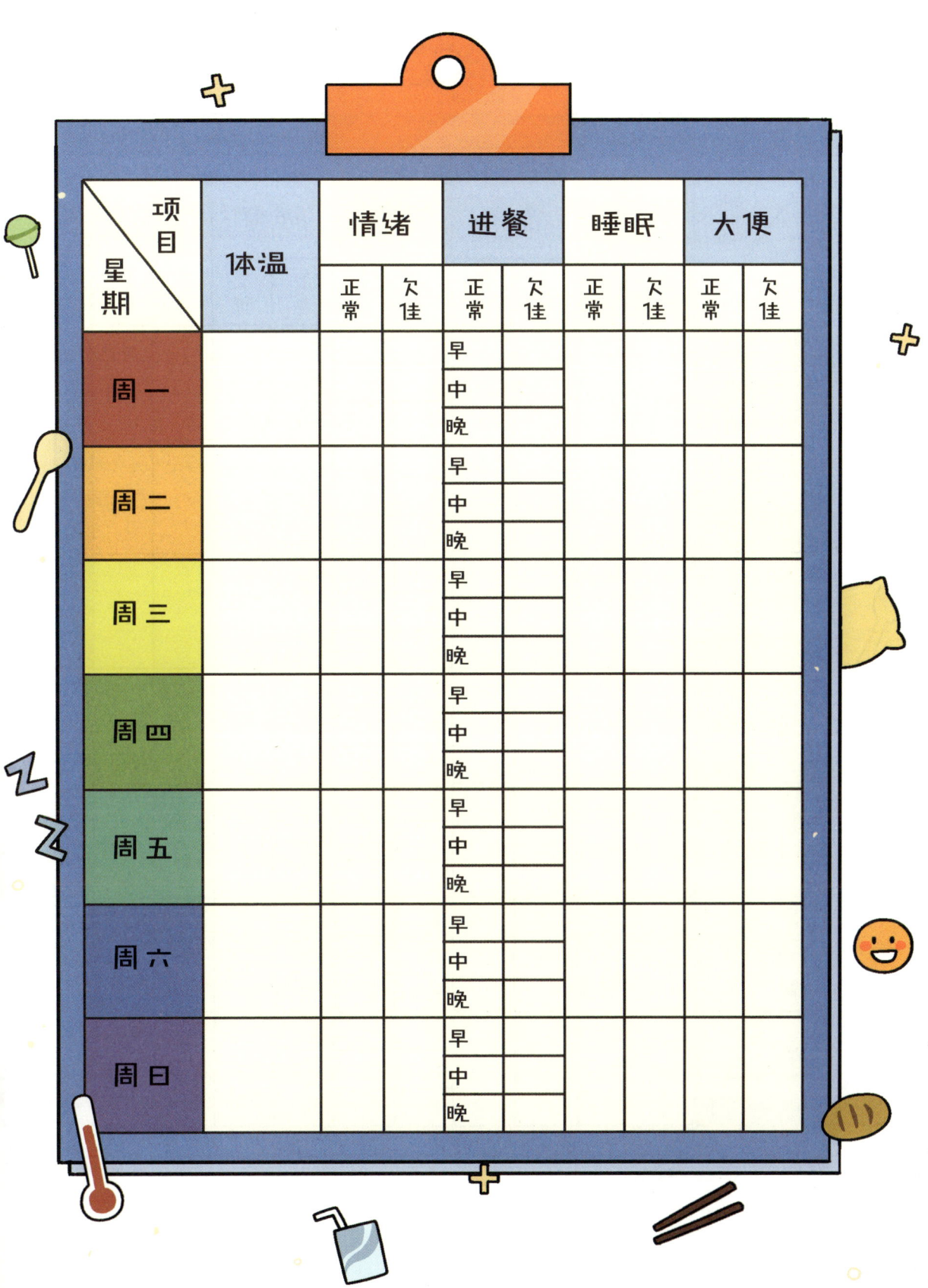

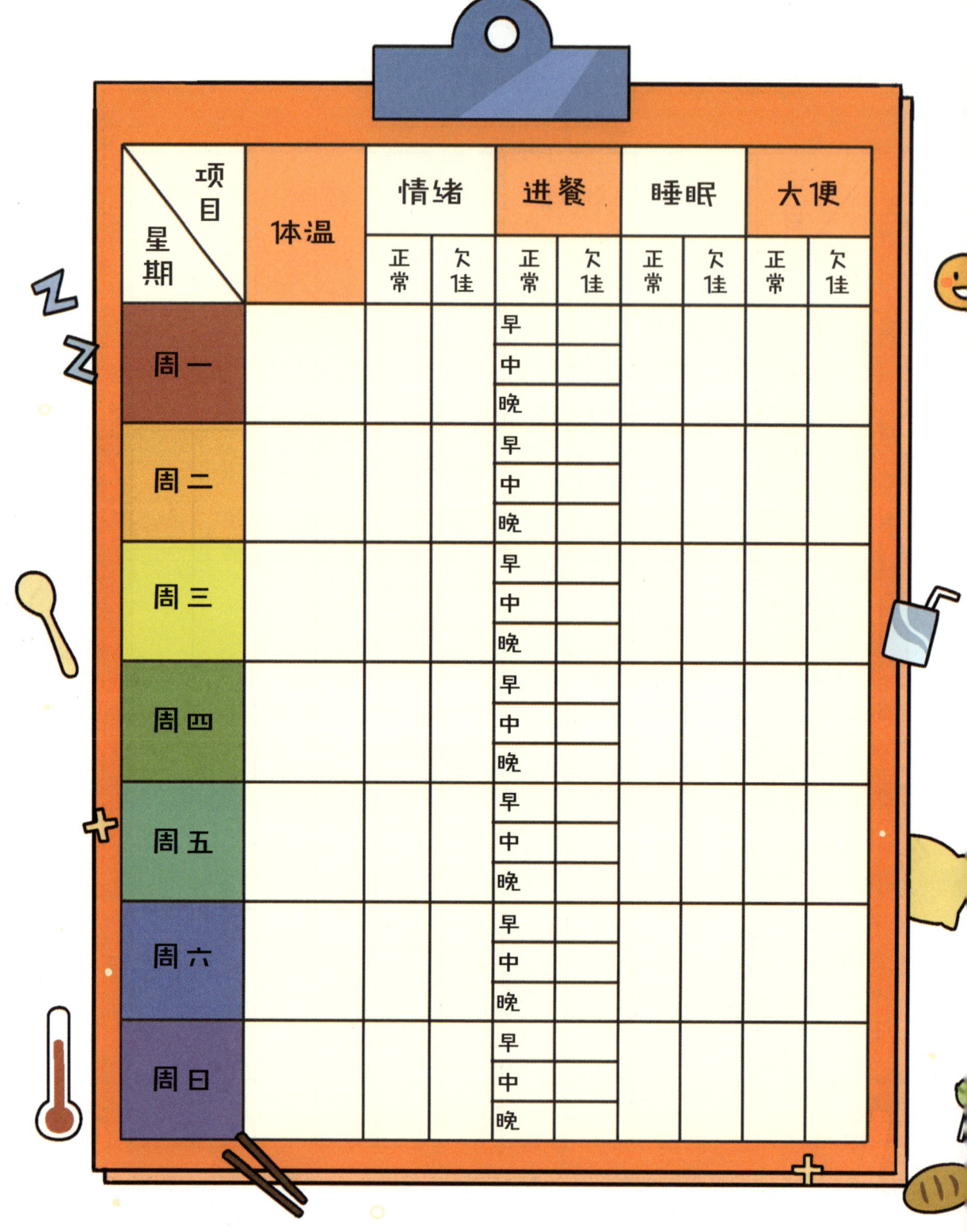

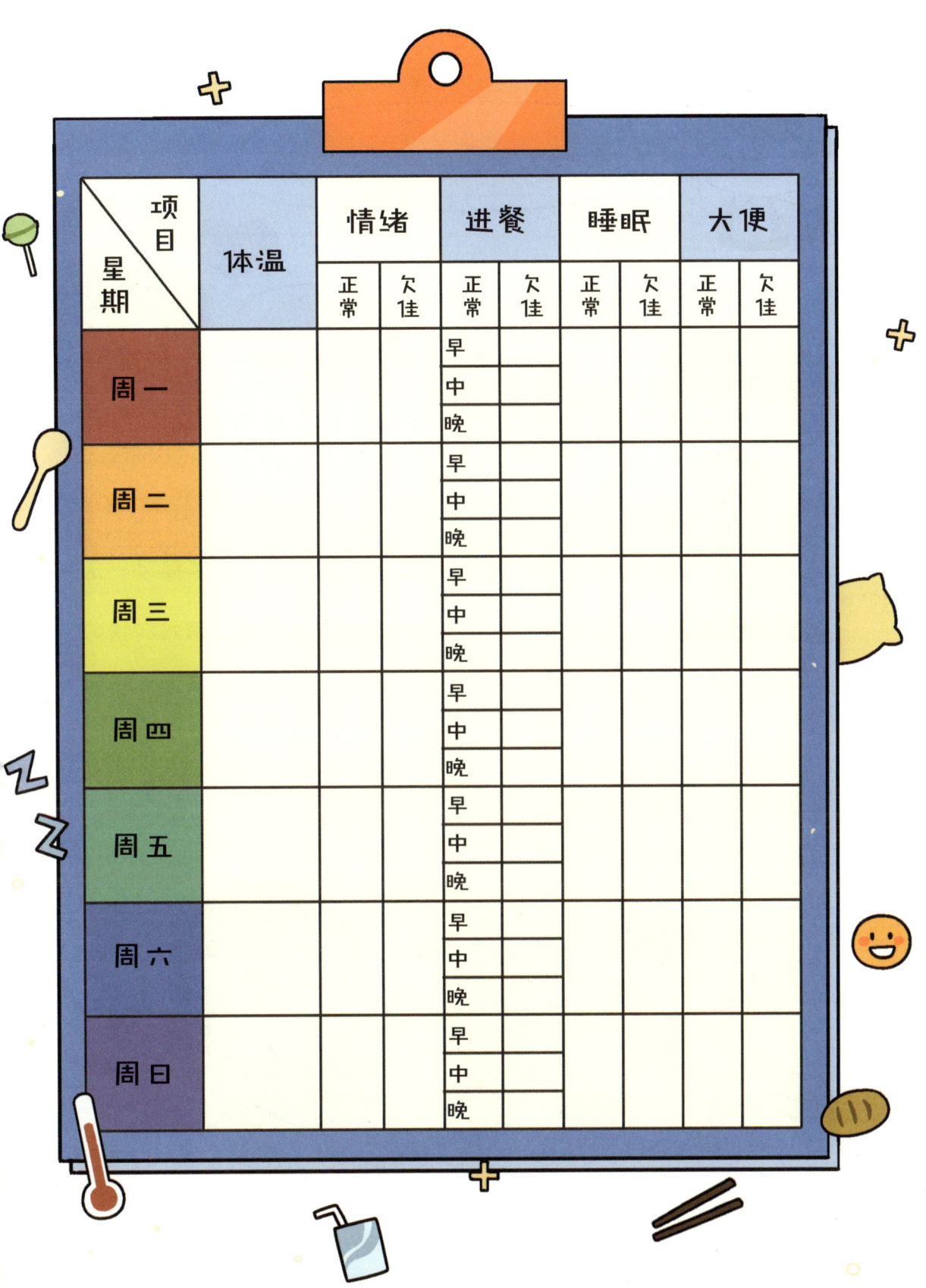

感谢 您读完了这本书📖，相信此刻的您已经掌握了一定的 应急处理知识。但这些重要的急救知识看❶遍学❶遍是很难实操的，得反复操练。目前很多急救中心、医院也有针对婴儿和儿童开设的急救课程，您也可以在自己所在的地区找这些课程参与学习一下。这样，在关键时刻，我们才能更好地保护我们的家人。

作者简介

上海交通大学医学博士，上海交通大学第九人民医院主治医师，拥有较丰富的儿童医学科普经验。

- 知名插画师、畅销书作家、宁波工程学院副教授。
- 代表作有《漫话国宝》《嗨！这里是中国》等。其图书作品入选"2024年桂冠童书百强书单"、荣获"2023年全国优秀科普作品""2021年度输出版优秀图书奖""2019年度桂冠童书""2019年中国童书百佳图书"等，文创作品入选"2020年全国百佳文创"。

图书在版编目（CIP）数据

妈妈，别慌！/ 余章编；杜莹绘. -- 成都：四川少年儿童出版社，2024.8. -- ISBN 978-7-5728-1533-1

Ⅰ.X956-49

中国国家版本馆CIP数据核字第202407AY86号

出 版 人：余 兰	MAMA BIE HUANG
编 者：余 章	书 名：妈妈，别慌！
绘 者：杜 莹	出 版：四川少年儿童出版社
项目统筹：高海潮	地 址：成都市锦江区三色路238号
周翊安	网 址：http://www.sccph.com.cn
特约审订：鲁美丽	网 店：http://scsnetcbs.tmall.com
陈振杰	经 销：新华书店
沈宇欢	印 刷：四川华龙印务有限公司
王永辉	成品尺寸：240mm×170mm
荀 凯	开 本：16
责任编辑：周翊安	印 张：8
美术编辑：汪丽华	字 数：160千
责任印制：李 欣	版 次：2024年11月第1版
	印 次：2024年11月第1次印刷
	书 号：ISBN 978-7-5728-1533-1
	定 价：50.00元

若发现印装质量问题，请及时与发行部联系调换。
地　　址：成都市锦江区三色路238号新华之星A座23层四川少年儿童出版社发行部
邮　　编：610023